U0275977

高等院校信息技术规划教材

Python程序设计实验指导书

董付国　编著

清华大学出版社
北京

内 容 简 介

本书内容共 81 个 Python 实验项目，涵盖运算符、内置函数、选择结构与循环结构、函数定义与使用、面向对象编程、字符串与正则表达式等 Python 基础知识，以及文件操作、数据库操作、Office 文档操作、多线程与多进程、Socket 编程、tkinter 编程、算法分析与设计、数字图像处理、计算机图形学、声音处理、密码学、自动运维、网络爬虫、数据分析、数据可视化和机器学习等领域的应用。书中全部案例代码适用于 Python 3.5/3.6/3.7 或更高版本。

本书可以作为 Python 程序设计课程的实验指导书（根据需要选择不同的实验项目）或教师参考用书，也可以作为 Python 爱好者的自学参考书。

图书在版编目（CIP）数据

Python 程序设计实验指导书/董付国编著. —北京：清华大学出版社，2019（2024.2重印）
（高等院校信息技术规划教材）
ISBN 978-7-302-52579-0

Ⅰ. ①P… Ⅱ. ①董… Ⅲ. ①软件工具－程序设计－高等学校－教学参考资料 Ⅳ. ①TP311.561

中国版本图书馆 CIP 数据核字(2019)第 043814 号

责任编辑：白立军
封面设计：常雪影
责任校对：胡伟民
责任印制：曹婉颖

出版发行：清华大学出版社
网　　址：https://www.tup.com.cn，https://www.wqxuetang.com
地　　址：北京清华大学学研大厦 A 座　　**邮　　编**：100084
社 总 机：010-83470000　　**邮　　购**：010-62786544
投稿与读者服务：010-62776969，c-service@tup.tsinghua.edu.cn
质量反馈：010-62772015，zhiliang@tup.tsinghua.edu.cn
课件下载：https://www.tup.com.cn，010-83470236
印 装 者：北京嘉实印刷有限公司
经　　销：全国新华书店
开　　本：185mm×260mm　　**印　　张**：14.5　　**字　　数**：335 千字
版　　次：2019 年 5 月第 1 版　　**印　　次**：2024 年 2 月第11次印刷
定　　价：39.00 元

产品编号：081912-01

前言

Foreword

2015年8月作者在清华大学出版社出版了《Python程序设计》和《Python程序设计基础》，当时的想法很简单，只是想写一本适合自己的Python教材。当时开设Python课程的学校很少，我觉得在自己退休之前能把第一次印刷的教材用完就不错了，没想到教材出版之后迅速得到国内高校老师的广泛认可，不到三个月就进行了第二次印刷。为了让更多Python爱好者受益，作者于2016年6月29日开通微信公众号"Python小屋"并用来免费分享Python技术文章，截至本书完稿时，已免费分享超过620篇，访问量超过150万人次。同时，还陆续出版了《Python程序设计(第2版)》《Python可以这样学》《Python程序设计开发宝典》《中学生可以这样学Python》《Python程序设计基础(第2版)》《玩转Python轻松过二级》《Python程序设计基础与应用》《Python程序设计》(译)等系列教材，目前已被国内200多所高校选为教材，并被多个科研机构、软件公司、培训机构指定为参考工具书或培训教材。其中，《Python可以这样学》已发行繁体版。

目前国内已出版了不少优秀的Python教材，各大出版社也从国外引入很多经典Python教材，从不同角度、不同层面介绍Python在各领域的应用，呈现出百花齐放的大好局面，极大促进国内Python的发展和普及。但是，目前市面上还没有Python实验指导书，很多任课老师也在苦苦寻找好的Python实验项目。为了弥补这一空白，也为了更好地为广大Python任课教师服务，作者从自己编写的700多个案例中精心挑选了81个案例进行优化并改写为实验项目，希望能对读者有所帮助，起到抛砖引玉的作用。

本书可以作为研究生、本科生、专科生各专业Python程序设计课程的实验指导书(根据需要选择不同的实验项目)或教师参考用书，也可以作为Python爱好者的自学参考，全部案例代码适用于Python 3.5/3.6/3.7或更高版本。另外，本书没有介绍Python语法、运算符、内置函数、程序控制结构、函数定义与使用等基础知识，可以参考书后列出的参考书目。

尽管作者已经尽最大可能保证书中内容的正确性，但仍难免有不足之处，如果读者在书中发现错误并通过微信公众号“Python小屋”或电子邮箱“dongfuguo2005@126.com”告知作者，将有机会获得意外惊喜。

董付国

2018年9月

目录 Contents

实验1 chapter 1

Python 安装与开发环境搭建

适用专业

适用于所有专业。

实验目的

(1) 熟练掌握 Python 解释器安装与基本用法。

(2) 熟练掌握使用 pip 命令在线安装 Python 扩展库的方法。

(3) 熟练掌握通过 WHL 文件离线安装 Python 扩展库的方法。

实验内容

(1) 安装 Python 解释器。

(2) 简单配置 Python 开发环境。

(3) 安装 Python 扩展库。

(4) 充分理解"不同 Python 开发环境中安装的扩展库无法共用,在一个开发环境中安装的扩展库无法在另一个开发环境中使用,必须单独安装"。

实验步骤

(1) 打开 Python 官方网站 http://www.python.org。

(2) 下载 Python 3.5.x/3.6.x/3.7.x/3.8.x/3.9.x 的最新版,至少安装其中两个。

(3) 在开始菜单中找到成功安装的 IDLE 中的一个,输入下面的代码(见图 1.1),确保该版本的 IDLE 运行正常。

(4) 在资源管理器中进入 Python 安装目录的 scripts 子目录,然后按下 Shift 键,在空白处右击,在弹出来的菜单中选择"在此处打开命令窗口"(Win7 系统)或"在此处打开 Powershell 窗口"(Win10 系统),进入命令提示符环境,如图 1.2 所示。

```
Python 3.6.0 Shell
File Edit Shell Debug Options Window Help
Python 3.6.0 (v3.6.0:41df79263a11, Dec 23 2016, 08:06:1
2) [MSC v.1900 64 bit (AMD64)] on win32
Type "copyright", "credits" or "license()" for more inf
ormation.
>>> print('Hello world!')
Hello world!
>>>
```

图 1.1　输入代码

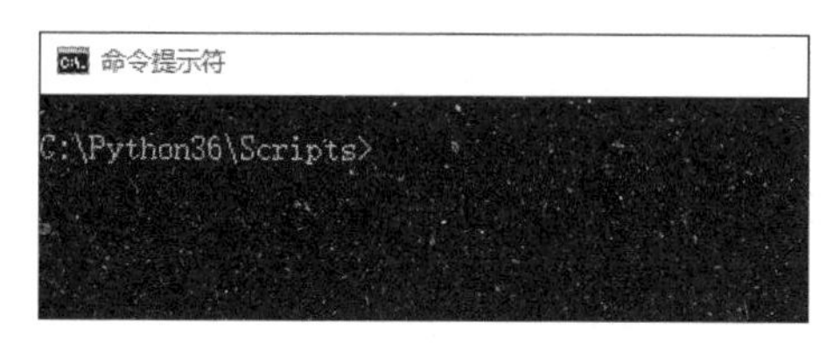

图 1.2　命令提示符环境

(5) 使用 pip 命令在线安装 Python 扩展库 numpy、pandas、scipy、matplotlib、jieba、openpyxl、pillow、python-docx。安装 openpyxl 的命令如图 1.3 所示。

```
命令提示符
C:\Python36\Scripts>pip install openpyxl
Collecting openpyxl
  Downloading https://files.pythonhosted.org/packages/dc/99/9c58d83d7f093c0af5f90875f8595d2e9587fc36532a8bb347608cf0876b
/openpyxl-2.5.3.tar.gz (170kB)
    100% |████████████████████████████████| 174kB 666kB/s
Requirement already satisfied: jdcal in c:\python36\lib\site-packages (from openpyxl) (1.3)
Requirement already satisfied: et_xmlfile in c:\python36\lib\site-packages (from openpyxl) (1.0.1)
Building wheels for collected packages: openpyxl
  Running setup.py bdist_wheel for openpyxl ... done
  Stored in directory: C:\Users\d\AppData\Local\pip\Cache\wheels\11\7d\47\3dad56b5d260c790d9110623ba66783a2ad345eb76dd63
003b
Successfully built openpyxl
Installing collected packages: openpyxl
Successfully installed openpyxl-2.5.3
```

图 1.3　安装 openpyxl 的命令

(6) 如果网速太慢导致安装失败,可以指定国内服务器下载,例如,

```
pip install -i http://mirrors.aliyun.com/pypi/simple --trusted-host mirrors.
aliyun.comnumpy
```

在当前登录用户的 AppData\Roaming 文件夹中创建文件夹 pip,在 pip 文件夹中创建文件 pip.ini,内容如下所示,然后就可以直接使用 pip 命令安装扩展库了。

```
[global]
index-url = http://mirrors.aliyun.com/pypi/simple

[install]
trusted-host = mirrors.aliyun.com
```

(7) 如果遇到安装不成功的扩展库,使用浏览器打开下面的网址下载对应的 whl 文

件进行离线安装：https://www.lfd.uci.edu/～gohlke/pythonlibs/。

注意事项：①选择正确版本；②下载时不能修改文件名；③把下载的 whl 文件放到相应版本的 Python 安装目录下 scripts 文件夹中并在该文件夹中执行 pip 离线安装扩展库。

(8) 在相应版本 Python 的 IDLE 中使用 import 导入安装好的扩展库(见图 1.4)，验证是否安装成功。

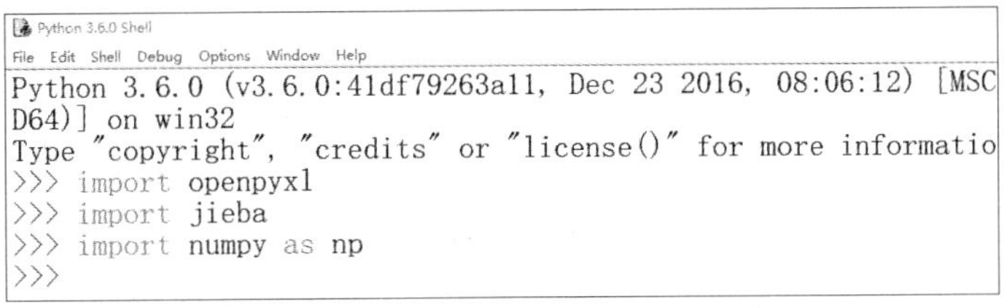

```
Python 3.6.0 Shell
File Edit Shell Debug Options Window Help
Python 3.6.0 (v3.6.0:41df79263a11, Dec 23 2016, 08:06:12) [MSC
D64)] on win32
Type "copyright", "credits" or "license()" for more informatio
>>> import openpyxl
>>> import jieba
>>> import numpy as np
>>>
```

图 1.4 导入安装好的扩展库

(9) 打开另外一个版本 Python 的开发环境 IDLE，尝试导入前面安装的扩展库，如果不能正确导入，重复前面的步骤，安装相应的扩展库之后再次尝试导入。

(10) 下载并安装 Anaconda3，自行查阅资料熟悉 Jupyter Notebook 和 Spyder 的使用，并熟悉使用 conda 和 pip 为 Anaconda3 环境安装扩展库的方法，参考前面的步骤。(选做)

(11) 下载并安装 PyCharm，自行查阅资料了解其用法。(选做)

(12) 下载并安装 Eclipse+PyDev，自行查阅资料了解其用法。(选做)

实验 2 chapter 2

Python 运算符、内置函数、序列基本用法

适用专业

适用于所有专业。

实验目的

(1) 熟练运用 Python 运算符。

(2) 熟练运用 Python 内置函数。

(3) 养成对用户输入立即进行类型转换的习惯。

(4) 了解 lambda 表达式作为函数参数的用法。

(5) 了解列表、元组、字典、集合的概念和基本用法。

(6) 了解 Python 函数式编程模式。

实验内容

(1) 编写程序，输入任意大的自然数，输出各位数字之和。

(2) 编写程序，输入两个集合 setA 和 setB，分别输出它们的交集、并集和差集 setA-setB。

(3) 编写程序，输入一个自然数，输出它的二进制、八进制、十六进制表示形式。

(4) 编写程序，输入一个包含若干整数的列表，输出一个新列表，要求新列表中只包含原列表中的偶数。

(5) 编写程序，输入两个分别包含若干整数的列表 lstA 和 lstB，输出一个字典，要求使用列表 lstA 中的元素作为键，列表 lstB 中的元素作为值，并且最终字典中的元素数量取决于 lstA 和 lstB 中元素最少的列表的数量。

(6) 编写程序，输入一个包含若干整数的列表，输出新列表，要求新列表中的所有元素来自于输入的列表，并且降序排列。

(7) 编写程序，输入一个包含若干整数的列表，输出列表中所有整数连乘的结果。

(8) 编写程序,输入两个各包含 2 个整数的列表,分别表示城市中两个地点的坐标,输出两点之间的曼哈顿距离。

(9) 编写程序,输入包含若干集合的列表,输出这些集合的并集。要求使用 reduce()函数和 lambda 表达式完成。

(10) 编写程序,输入等比数列的首项、公比(不等于 1 且小于 36 的正整数)和一个自然数 n,输出这个等比数列前 n 项的和。关键步骤要求使用内置函数 int()。

(11) 编写程序,输入一个字符串,输出其中出现次数最多的字符及其出现的次数。要求使用字典。

参考代码

(1)

```
num = input('请输入一个自然数:')
print(sum(map(int, num)))
```

(2)

```
setA = eval(input('请输入一个集合:'))
setB = eval(input('再输入一个集合:'))
print('交集:', setA & setB)
print('并集:', setA | setB)
print('setA - setB:', setA - setB)
```

(3)

```
num = int(input('请输入一个自然数:'))
print('二进制:', bin(num))
print('八进制:', oct(num))
print('十六进制:', hex(num))
```

(4)

```
lst = input('请输入一个包含若干整数的列表:')
lst = eval(lst)
print(list(filter(lambda x: x%2 == 0, lst)))
```

(5)

```
lstA = eval(input('请输入包含若干整数的列表 lstA:'))
lstB = eval(input('请输入包含若干整数的列表 lstB:'))
result = dict(zip(lstA, lstB))
print(result)
```

(6)

```
lst = eval(input('请输入包含若干整数的列表 lst:'))
```

```
print(sorted(lst, reverse = True))
```

(7)

```
from functools import reduce
lst = eval(input('请输入包含若干整数的列表 lst:'))
print(reduce(lambda x,y: x * y, lst))
```

(8)

```
lstA = eval(input('请输入包含 2 个整数的列表 lstA:'))
lstB = eval(input('请输入包含 2 个整数的列表 lstB:'))
print(sum(map(lambda i,j: abs(i-j), lstA, lstB)))
```

(9)

```
from functools import reduce
lstSets = eval(input('请输入包含若干集合的列表:'))
print(reduce(lambda x,y: x|y, lstSets))
```

(10)

```
a1 = int(input('请输入等比数列首项:'))
q = int(input('请输入等比数列公比(不等于 1 且小于 36 的正整数):'))
n = int(input('请输入一个自然数:'))

result = a1 * int('1' * n, q)
print(result)
```

(11)

```
data = input('请输入一个字符串:')
d = dict()
for ch in data:
    d[ch] = d.get(ch, 0) + 1
mostCommon = max(d.items(), key=lambda item: item[1])
print(mostCommon)
```

实验3 使用蒙特·卡罗方法计算圆周率近似值

chapter 3

适用专业

适用于所有专业。

实验目的

(1) 理解蒙特·卡罗方法原理。
(2) 熟练使用内置函数 input()接收用户输入。
(3) 养成对用户输入立即进行类型转换的习惯。
(4) 熟练使用 for 循环控制循环次数。
(5) 理解 for 循环的本质与工作原理。
(6) 了解 random 模块中的常用函数。

实验内容

蒙特·卡罗方法是一种通过概率统计来得到问题近似解的方法,在很多领域都有重要的应用,其中包括圆周率近似值的计算问题。假设有一块边长为 2 的正方形木板,上面画一个单位圆,然后随意往木板上掷飞镖,落点坐标 必然在木板上(更多的时候是落在单位圆内),如果掷的次数足够多,那么落在单位圆内的次数除以总次数再乘以 4,这个数字会无限逼近圆周率的值。这就是蒙特·卡罗发明的用于计算圆周率近似值的方法,如图 3.1 所示。

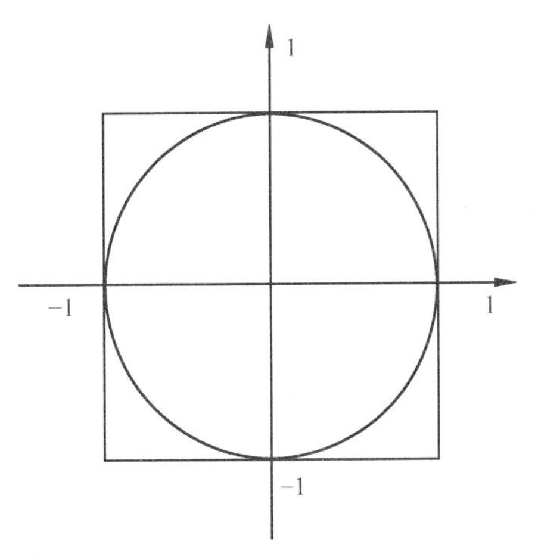

图 3.1　蒙特·卡罗方法

编写程序,模拟蒙特·卡罗计算圆周率近似值的方法,输入掷飞镖次数,然后输出圆周率近似值。观察实验结果，理解实验结果随着模拟次数增多越来越接近圆周率的原因。

参考代码

```
from random import random

times = int(input('请输入掷飞镖次数：'))
hits = 0
for i in range(times):
    x = random()
    y = random()
    if x*x + y*y <= 1:
        hits += 1

print(4.0 * hits/times)
```

实验 4 chapter 4

使用列表实现筛选法求素数

适用专业

适用于所有专业。

实验目的

(1) 了解素数的定义。
(2) 理解筛选法求解素数的原理。
(3) 理解列表切片操作。
(4) 熟练运用内置函数 enumerate()。
(5) 熟练运用内置函数 filer()。
(6) 理解序列解包的工作原理。
(7) 熟悉选择结构和循环结构。

实验内容

编写程序,输入一个大于 2 的自然数,然后输出小于该数字的所有素数组成的列表。所谓素数,是指除了 1 和自身之外没有其他因数的自然数,最小的素数是 2,后面依次是 3、5、7、11、13…

参考代码 1

```
maxNumber = int(input('请输入一个大于 2 的自然数:'))
lst = list(range(2, maxNumber))
#最大整数的平方根
m = int(maxNumber**0.5)
```

```
for index, value in enumerate(lst):
    #如果当前数字已大于最大整数的平方根,结束判断
    if value > m:
        break
    #使用切片对该位置之后的元素进行过滤和替换
    lst[index+1:] = filter(lambda x: x%value!= 0,lst[index+1:])

print(lst)
```

参考代码2

```
maxNumber = int(input('请输入一个大于2的自然数:'))
lst = list(range(2, maxNumber))
#最大整数的平方根
m = int(maxNumber**0.5)

for index, value in enumerate(lst):
    if value > m:
        break
    for value1 in lst[:index:-1]:
        print(value1)
        if value1%value == 0:
            lst.remove(value1)

print(lst)
```

实验5

使用集合实现筛选法求素数

适 用 专 业

适用于所有专业。

实 验 目 的

(1) 理解求解素数的筛选法原理。
(2) 理解 Python 集合对象的 discard()方法。
(3) 熟练运用列表推导式。
(4) 理解 for 循环的工作原理。

实 验 内 容

输入一个大于2的自然数,输出小于该数字的所有素数组成的集合。

参 考 代 码

```
maxNumber = int(input('请输入一个大于 2 的自然数:'))
numbers = set(range(2, maxNumber))

#最大数的平方根,以及小于该数字的所有素数
m = int(maxNumber**0.5)+1
primesLessThanM = [p for p in range(2, m)
                   if 0 not in [p%d
                            for d in range(2,int(p**0.5)+1)]]

#遍历最大整数平方根之内的自然数
for p in primesLessThanM:
```

```
    for i in range(2, maxNumber//p+1):
        #在集合中删除该数字所有的倍数
        numbers.discard(i * p)

print(numbers)
```

实验 6 chapter 6

使用 filter()函数统计列表中所有非素数

适 用 专 业

适用于所有专业。

实 验 目 的

(1) 熟练运用 Python 运算符。

(2) 理解列表推导式语法和执行过程。

(3) 熟练运用列表推导式解决实际问题。

(4) 了解函数的定义与使用。

(5) 熟练使用内置函数 filter()。

(6) 熟练掌握 lambda 表达式作为函数参数的用法。

实 验 内 容

首先，使用列表推导式和标准库 random 生成一个包含 50 个介于 1～100 的随机整数的列表，然后编写函数 def isPrime(n)用来测试整数 n 是否为素数，接下来使用内置函数 filter()把函数 isPrime()作用到包含若干随机整数的列表 lst 上，最后程序输出一个列表，其中只包含列表 lst 中不是素数的那些整数。

参 考 代 码

```
from random import randint

def isPrime(n):
    if n in (2,3):
        return True
```

```
    if n%2 == 0:
        return False
    for i in range(3, int(n**0.5)+1, 2):
        if n%i == 0:
            return False
    return True

lst = [randint(1,100) for _ in range(50)]
print(lst)
print(list(filter(lambda n:isPrime(n) is False, lst)))
```

实验 7 chapter 7

理解浮点数运算的误差

适用专业

适用于所有专业。

实验目的

(1) 理解组合数定义式的化简。
(2) 理解运算符/和//的区别,理解运算符//的原理。
(3) 理解浮点数运算的误差和可能带来的问题。
(4) 熟悉函数的定义与使用。
(5) 熟悉循环结构。

实验内容

阅读并适当增加必要的代码来调试下面的代码,分析代码功能,发现并解决代码中的错误。

```
def cni(n,i):
    minNI = min(i, n-i)
    result = 1
    for j in range(0, minNI):
        result = result * (n-j) / (minNI-j)
    return result
```

提示:
这段代码试图计算组合数 C_n^i,但是由于浮点数除法时精度问题导致结果错误。

实验 8 chapter 8

使用枚举法验证 6174 猜想

适 用 专 业

适用于所有专业。

实 验 目 的

(1) 了解 6174 猜想的内容。

(2) 熟练使用选择结构和循环结构。

(3) 了解标准库 itertools 中 combinations()函数的用法。

(4) 熟练使用字符串的 join()方法。

(5) 熟练使用内置函数 int()、str()、sorted()。

实 验 内 容

1955 年,卡普耶卡对 4 位数字进行了研究,发现一个规律:对任意各位数字不相同的 4 位数,使用各位数字能组成的最大数减去能组成的最小数,对得到的差重复这个操作,最终会得到 6174 这个数字,并且这个操作最多不会超过 7 次。

编写程序,使用枚举法对这个猜想进行验证。

参 考 代 码

```
from string import digits
from itertools import combinations

for item in combinations(digits, 4):
    times = 0
    while True:
```

```
#当前选择的 4 个数字能够组成的最大数和最小数
big = int(''.join(sorted(item, reverse = True)))
little = int(''.join(sorted(item)))
difference = big-little
times = times+1
#如果最大数和最小数相减得到 6174 就退出
#否则就对得到的差重复这个操作
#最多 7 次,总能得到 6174
if difference == 6174:
    if times > 7:
        print(times)
    break
else:
    item = str(difference)
```

运行结果

程序运行可以结束,但没有任何输出,说明 6174 猜想是成立的。

实验 9 chapter 9

计算小明爬楼梯的爬法数量

适用专业

适用于所有专业。

实验目的

(1) 理解并熟练使用序列解包。

(2) 理解递归函数的工作原理。

(3) 能够编写递归函数代码解决实际问题。

(4) 理解 Python 字典的用法。

(5) 养成检查和测试循环结构边界条件的习惯。

(6) 养成时刻注意各级代码缩进级别的习惯。

实验内容

假设一段楼梯共 15 个台阶,小明一步最多能上 3 个台阶。编写程序计算小明上这段楼梯一共有多少种方法。要求给出递推法和递归法两种代码。

从第 15 个台阶上往回看,有 3 种方法可以上来(从第 14 个台阶上一步迈 1 个台阶上来,从第 13 个台阶上一步迈 2 个台阶上来,从第 12 个台阶上一步迈 3 个台阶上来),同理,第 14 个、13 个、12 个台阶都可以这样推算,从而得到递归公式 $f(n)=f(n-1)+f(n-2)+f(n-3)$,其中,$n=15,14,13,\cdots,5,4$。然后就是确定这个递归公式的结束条件了,第一个台阶只有 1 种上法,第二个台阶有 2 种上法(一步迈 2 个台阶上去、一步迈 1 个台阶分两步上去),第三个台阶有 4 种上法(一步迈 3 个台阶上去、一步 2 个台阶+一步 1 个台阶、一步 1 个台阶+一步 2 个台阶、一步迈 1 个台阶分三步上去)。

参考代码

```
def climbStairs1(n):
    #递推法
    a = 1
    b = 2
    c = 4
    for i in range(n-3):
        c, b, a = a+b+c, c, b
    return c

def climbStairs2(n):
    #递归法
    first3 = {1:1, 2:2, 3:4}
    if n in first3.keys():
        return first3[n]
    else:
        return climbStairs2(n-1) + \
               climbStairs2(n-2) + \
               climbStairs2(n-3)

print(climbStairs1(15))
print(climbStairs2(15))
```

实验 10 chapter 10

模拟决赛现场最终成绩计算过程

适用专业

适用于所有专业。

实验目的

(1) 了解决赛现场最终成绩计算方法。

(2) 熟练运用循环结构和选择结构。

(3) 了解使用循环和异常处理结构对用户输入进行约束的用法。

(4) 养成输入数据后立刻进行类型转换的习惯。

(5) 熟练运用列表解决实际问题。

(6) 养成对代码进行优化的习惯。

实验内容

编写程序,模拟决赛现场最终成绩计算过程。首先输入大于 2 的整数作为评委人数,然后依次输入每个评委的打分,要求每个分数都介于 0～100。输入完所有评委打分之后,去掉一个最高分,去掉一个最低分,剩余分数的平均分即为该选手的最终得分。

(1) 编写程序,使用列表存储每个评委的打分,并充分利用列表方法和内置函数。

```
while True:
    try:
        n = int(input('请输入评委人数:'))
        assert n>2
        break
    except:
        print('必须输入大于 2 的整数')
```

```
#用来保存所有评委的打分
scores = []

#依次输入每个评委的打分
for i in range(n):
    #这个 while 循环用来保证用户必须输入 0~100 的数字
    while True:
        try:
            score = float(input('请输入第{0}个评委的分数:'.format(i+1)))
            assert 0<= score<= 100
            scores.append(score)
            break
        except:
            print('必须属于 0~100 的实数.')

#计算并删除最高分与最低分
highest = max(scores)
scores.remove(highest)
lowest = min(scores)
scores.remove(lowest)
#计算平均分,保留 2 位小数
finalScore = round(sum(scores)/len(scores), 2)

formatter = '去掉一个最高分{0}\n 去掉一个最低分{1}\n 最后得分{2}'
print(formatter.format(highest, lowest, finalScore))
```

(2) 仔细阅读上面的方法和代码,查找可优化的地方,并与下面的代码进行对比,简单分析代码复杂程度以及运行时间和空间占用情况。

```
while True:
    try:
        n = int(input('请输入评委人数:'))
        assert n>2
        break
    except:
        print('必须输入大于 2 的整数')

maxScore, minScore = 0, 100
total = 0

#依次输入每个评委的打分
for i in range(n):
    #这个 while 循环用来保证用户必须输入 0~100 的数字
    while True:
        try:
```

```
            score = float(input('请输入第{0}个评委的分数：'.format(i+1)))
            assert 0<= score<= 100
            break
        except:
            print('必须属于 0~100 的实数.')
    total += score
    if score > maxScore:
        maxScore = score
    if score < minScore:
        minScore = score

#计算平均分,保留 2 位小数
finalScore = round((total-maxScore-minScore)/(n-2), 2)

formatter = '去掉一个最高分{0}\n 去掉一个最低分{1}\n 最后得分{2}'
print(formatter.format(maxScore, minScore, finalScore))
```

实验 11 chapter 11

设计和实现聪明的尼姆游戏（人机对战）

适用专业

适用于所有专业。

实验目的

（1）理解尼姆游戏规则。
（2）了解多个函数的定义与调用。
（3）理解并熟练运用 while 循环。
（4）理解带 else 子句的循环结构执行流程。
（5）理解循环语句中的 break 语句的作用。
（6）了解使用循环和异常处理结构对用户输入进行约束的用法。
（7）养成时刻注意各级代码缩进级别的习惯。

实验内容

尼姆游戏是个著名的游戏，有很多变种玩法。两个玩家轮流从一堆物品中拿走一部分。在每一步中，玩家可以自由选择拿走多少物品，但是必须至少拿走一个并且最多只能拿走一半物品，然后轮到下一个玩家。拿走最后一个物品的玩家输掉游戏。

在聪明模式中，计算机每次拿走一定数量的物品使得堆的大小是 2 的幂次方减 1——也就是 3、7、15、31、63 等。如果无法做到这一点，计算机就随机拿走一些。

编写程序，模拟聪明版本的尼姆游戏。

参考代码

```
from math import log2
from random import randint, choice
```

```
def everyStep(n):
    half = n / 2
    m = 1
    #所有可能满足条件的取法
    possible = []
    while True:
        rest = 2**m - 1
        if rest >= n:
            break
        if rest >= half:
            possible.append(n-rest)
        m = m + 1
    #如果至少存在一种取法使得剩余物品数量为 2^n-1
    if possible:
        return choice(possible)
    #无法使得剩余物品数量为 2^n-1,随机取走一些
    return randint(1, int(half))

def smartNimuGame(n):
    while n > 1:
        #人类玩家先走
        print("It's your turn, and we have {0} left.".format(n))
        #确保人类玩家输入合法的整数值
        while True:
            try:
                num = int(input('How many do you want to take:'))
                assert 1 <= num <= n//2
                break
            except:
                print('Must be between 1 and {0}'.format(n//2))
        n -= num
        if n == 1:
            return 'I fail.'
        #计算机玩家拿走一些
        n -= everyStep(n)
    else:
        return 'You fail.'

print(smartNimuGame(randint(1, 100)))
```

实验 12 chapter 12

模拟报数游戏(约瑟夫环问题)

适用专业

适用于所有专业。

实验目的

(1) 了解约瑟夫环问题。

(2) 了解 Python 标准库 itertools 中的常用函数。

(3) 熟练运用列表切片操作。

(4) 熟练运用循环结构和选择结构。

(5) 熟练运用列表方法。

(6) 熟练掌握函数定义与使用。

(7) 理解迭代器对象和使用内置函数 next()访问迭代器对象中元素的方法。

实验内容

有 n 个人围成一圈,从 1 开始按顺序编号,从第一个人开始从 1 到 k(假设 $k=3$)报数,报到 k 的人退出圈子;然后圈子缩小,从下一个人继续游戏,问最后留下的是原来的第几号。

编写程序,模拟上面的游戏,要求初始人数 n 和报数临界值 k 可以自由指定。运行程序并观察游戏进行的过程。使用两种方法实现,并简单分析其优劣。

参考代码 1(使用标准库 itertools)

```
from itertools import cycle

def demo(lst, k):
```

```
    #切片,以免影响原来的数据
    t_lst = lst[:]

    #游戏一直进行到只剩下最后一个人
    while len(t_lst) > 1:
        print(t_lst)
        #创建 cycle 对象
        c = cycle(t_lst)
        #从 1 到 k 报数
        for i in range(k):
            t = next(c)
        #一个人出局,圈子缩小
        index = t_lst.index(t)
        t_lst = t_lst[index+1:] + t_lst[:index]

    #游戏结束
    return t_lst[0]

lst = list(range(1,11))
print(demo(lst, 3))
```

参考代码 2（使用列表方法）

```
def demo(lst, k):
    #切片,以免影响原来的数据
    t_lst = lst[:]

    #游戏一直进行到只剩下最后一个人
    while len(t_lst) > 1:
        print(t_lst)
        #模拟报数
        for i in range(k-1):
            t_lst.append(t_lst.pop(0))
        t_lst.pop(0)

    #游戏结束
    return t_lst[0]

lst = list(range(1, 11))
print(demo(lst, 3))
```

对于代码中的测试数据,上面两段代码运行结果如下:

```
[1, 2, 3, 4, 5, 6, 7, 8, 9, 10]
```

```
[4, 5, 6, 7, 8, 9, 10, 1, 2]
[7, 8, 9, 10, 1, 2, 4, 5]
[10, 1, 2, 4, 5, 7, 8]
[4, 5, 7, 8, 10, 1]
[8, 10, 1, 4, 5]
[4, 5, 8, 10]
[10, 4, 5]
[10, 4]
4
```

实验13 chapter 13

模拟轮盘抽奖游戏

适用专业

适用于所有专业。

实验目的

(1) 养成先对问题进行分析和建模的习惯。

(2) 熟练运用字典解决实际问题。

(3) 熟练运用字典的get()方法。

(4) 熟悉标准库random中的常用函数。

(5) 熟练运用循环结构和选择结构。

实验内容

有的商场为了吸引顾客前来消费,会在门口摆放一个轮盘,把该轮盘划分为多个不同面积的区域,面积越小对应的奖品价值越高,面积越大对应的奖品价值越小。购买总金额超过一定数量的消费者可以免费参加一次活动。消费者用力转动轮盘,然后轮盘慢慢停下来,当轮盘恢复静止状态时,轮盘上的指针所指的区域代表该消费者所中奖品,如图13.1所示。

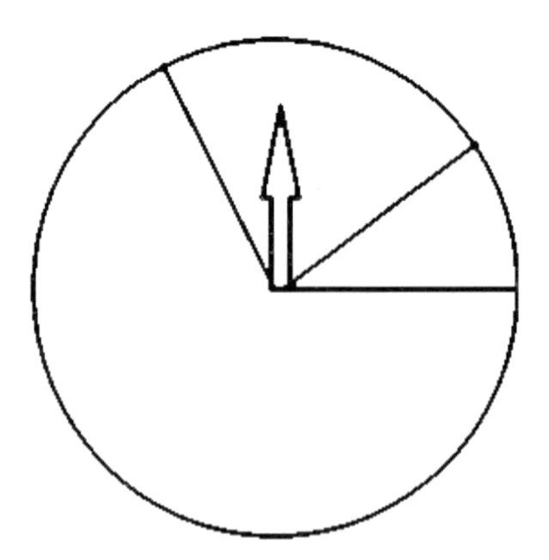

图13.1 模拟轮盘抽奖

假设共设一等奖、二等奖和三等奖这3个价值的奖品。把轮盘从0°~360°划分为3个区域,从[0°,30°)对应一等奖,[30°,108°)对应二等奖,[108°,360°]对应三等奖。使用0~360的随机数表示消费者转动轮盘后指针所处的位置。

编写程序,模拟该游戏,并试玩10000次,记录每个奖项的中奖次数。

参考代码

```
from random import randrange

def playGame():
    value = randrange(360)
    #查找并返回本次获奖情况
    for k, v in areas.items():
        if v[0]<=value<v[1]:
            return k

#各奖项对应面积在轮盘上所占比例
areas = {'一等奖':(0, 30),
         '二等奖':(30, 108),
         '三等奖':(108, 360)}

#记录每个奖项的中奖次数
results = dict()

for i in range(10000):
    r = playGame()
    results[r] = results.get(r, 0) +1

for item in results.items():
    print('{0[0]}:{0[1]}次'.format(item))
```

实验 14 chapter 14

模拟蒙蒂霍尔悖论游戏

适用专业

适用于所有专业。

实验目的

(1) 了解蒙蒂霍尔悖论的内容和游戏规则。

(2) 熟练运用字典方法和集合运算。

(3) 熟练运用异常处理结构,防止用户非法输入。

(4) 了解断言语句 assert 的用法。

(5) 熟练运用 for 循环遍历序列中的元素。

(6) 熟练运用 while 循环,并掌握退出循环的条件设计与实现。

(7) 熟练运用异常处理结构,防止用户非法输入。

(8) 熟练掌握多函数定义与调用。

(9) 养成时刻注意各级代码缩进级别的习惯。

实验内容

假设你正参加一个有奖游戏节目,前方有 3 道门可以选择,其中一个后面是汽车,另外两个后面是山羊。你选择一个门,例如 1 号门,主持人事先知道每个门后面是什么并且打开了另一个门,例如 3 号门,后面是一只山羊。这时,主持人会问你:"你想改选 2 号门吗?",然后根据你的选择确定最终要打开的门,并确定你获得山羊(输)或者汽车(赢)。

编写程序,模拟上面的游戏。

参考代码

```
from random import randrange
```

```
def init():
    '''返回一个字典,键为 3 个门号,值为门后面的物品'''
    result = {i: 'goat' for i in range(3)}
    r = randrange(3)
    result[r] = 'car'
    return result

def startGame():
    #获取本次游戏中每个门的情况
    doors = init()
    #获取玩家选择的门号
    while True:
        try:
            firstDoorNum = int(input('Choose a door to open:'))
            assert 0<=firstDoorNum<=2
            break
        except:
            print('Door number must be between {} and {}'.format(0, 2))
    #主持人查看另外两个门后的物品情况
    for door in doors.keys()-{firstDoorNum}:
        #打开其中一个后面为山羊的门
        if doors[door] == 'goat':
            print('"goat" behind the door', door)
            #获取第三个门号,让玩家纠结
            thirdDoor = (doors.keys()-{door, firstDoorNum}).pop()
            change = input('Switch to {}? (y/n)'.format(thirdDoor))
            finalDoorNum = thirdDoor if change=='y' else firstDoorNum
            if doors[finalDoorNum] == 'goat':
                return 'I Win!'
            else:
                return 'You Win.'

while True:
    print('=' * 30)
    print(startGame())
    r = input('Do you want to try once more? (y/n)')
    if r == 'n':
        break
```

实验 15 chapter 15

无界面版猜数游戏设计与实现

适用专业

适用于所有专业。

实验目的

(1) 熟练运用选择结构与循环结构解决实际问题。
(2) 注意选择结构嵌套时代码的缩进与对齐。
(3) 理解带 else 子句的循环结构执行流程。
(4) 理解条件表达式 value1 if condition else value2 的用法。
(5) 理解使用异常处理结构约束用户输入的用法。
(6) 理解带 else 子句的异常处理结构的执行流程。
(7) 熟练掌握使用 break 语句提前跳出循环结构的用法。

实验内容

编写程序模拟猜数游戏。程序运行时,系统在指定范围内生成一个随机数,然后提示用户进行猜测,并根据用户输入进行必要的提示(猜对了、太大了、太小了),如果猜对则提前结束程序,如果次数用完仍没有猜对,提示游戏结束并给出正确答案。

参考代码

```
from random import randint


def guessNumber(maxValue=10, maxTimes=3):
    #随机生成一个整数
    value = randint(1, maxValue)
```

```
    for i in range(maxTimes):
        prompt = 'Start to GUESS:' if i==0 else 'Guess again:'
        #使用异常处理结构,防止输入不是数字的情况
        try:
            x = int(input(prompt))
        except:
            print('Must input an integer between 1 and ', maxValue)
        else:
            if x == value:
                #猜对了
                print('Congratulations!')
                break
            elif x > value:
                print('Too big')
            else:
                print('Too little')
    else:
        #次数用完还没猜对,游戏结束,提示正确答案
        print('Game over. FAIL.')
        print('The value is ', value)

guessNumber()
```

实验 16 chapter 16

抓狐狸游戏设计与实现

适用专业

适用于所有专业。

实验目的

(1) 培养分析问题并对问题进行建模的能力。
(2) 熟练使用列表解决实际问题。
(3) 熟练运用选择结构和循环结构解决实际问题。
(4) 理解带 else 子句的循环结构的执行流程。
(5) 理解使用异常处理结构约束用户输入的用法。

实验内容

编写程序,模拟抓狐狸小游戏。假设一共有一排 5 个洞口,小狐狸最开始的时候在其中一个洞口,然后玩家随机打开一个洞口,如果里面有狐狸就抓到了。如果洞口里没有狐狸就到第二天再来抓,但是第二天狐狸会在玩家来抓之前跳到隔壁洞口里。如果在规定的次数内抓到了狐狸就提前结束游戏并提示成功;如果规定的次数用完还没有抓到狐狸,就结束游戏并提示失败。

参考代码

```
from random import choice, randrange

def catchMe(n=5, maxStep=10):
    '''模拟抓小狐狸,一共 n 个洞口,允许抓 maxStep 次
       如果失败,小狐狸就会跳到隔壁洞口'''
```

```
    #n 个洞口,有狐狸为 1,没有狐狸为 0
    positions = [0] * n
    #狐狸的随机初始位置
    oldPos = randrange(0, n)
    positions[oldPos] = 1

    #抓 maxStep 次
    while maxStep >= 0:
        maxStep -= 1
        #这个循环保证用户输入是有效洞口编号
        while True:
            try:
                x = input('请输入洞口编号(0-{0}):'.format(n-1))
                #如果输入的不是数字,就会跳转到 except 部分
                x = int(x)
                #如果输入的洞口编号有效,结束这个循环,否则就继续输入
                assert 0<=x<n
                break
            except:
                #如果输入的不是数字,就执行这里的代码
                print('要按套路来啊,再给你一次机会。')

        if positions[x] == 1:
            print('成功,我抓到小狐狸。')
            break
        else:
            print('今天又没抓到。')

        #如果这次没抓到,狐狸就跳到隔壁洞口
        if oldPos == n-1:
            newPos = oldPos-1
        elif oldPos == 0:
            newPos = oldPos+1
        else:
            newPos = oldPos + choice((-1, 1))
        positions[oldPos], positions[newPos] = 0, 1
        oldPos = newPos
    else:
        print('放弃吧,你这样乱试是没有希望的。')

#启动游戏,开始抓狐狸吧
catchMe()
```

实验 17 chapter 17

模拟汉诺塔问题

适用专业

适用于所有专业。

实验目的

(1) 了解汉诺塔问题。
(2) 理解函数默认值参数。
(3) 理解函数递归。
(4) 熟练运行列表对象的方法。

实验内容

据说古代有一个梵塔,塔内有 3 个底座 A、B、C,A 座上有 64 个盘子,盘子大小不等,大的在下,小的在上。有一个和尚想把这 64 个盘子从 A 座移到 C 座,但每次只允许移动一个盘子。在移动盘子的过程中可以利用 B 座,但任何时刻 3 个座上的盘子都必须始终保持大盘在下、小盘在上的顺序。如果只有一个盘子,则不需要利用临时底座,直接将盘子从源移动到目标底座即可。

编写函数,接收一个表示盘子数量的参数和分别表示源、目标、临时底座的参数,然后输出详细移动步骤和每次移动后 3 个底座上的盘子分布情况。

参考代码

```
def hannoi(num, src, dst, temp = None):   #递归算法
    if num < 1:
        return
```

```
    global times     #声明用来记录移动次数的变量为全局变量
    #递归调用函数自身,先把除最后一个盘子之外的所有盘子移动到临时柱子上
    hannoi(num-1, src, temp, dst)
    #移动最后一个盘子
    print('The {0} Times move:{1}==>{2}'.format(times, src, dst))
    towers[dst].append(towers[src].pop())
    for tower in 'ABC':     #输出3个底座上的盘子
        print(tower, ':', towers[tower])
    times += 1
    #把除最后一个盘子之外的其他盘子从临时底座上移动到目标底座上
    hannoi(num-1, temp, dst, src)

#用来记录移动次数的变量
times = 1
#盘子数量
n = 64
towers = {'A': list(range(n, 0, -1)), #初始状态,所有盘子都在A座上
          'B': [],
          'C': []
          }
#A表示最初放置盘子的底座,C是目标底座,B是临时底座
hannoi(n, 'A', 'C', 'B')
```

实验 18　chapter 18

检测密码安全强度

适 用 专 业

适用于所有专业。

实 验 目 的

(1) 了解标准库 sting 中的常量。
(2) 理解密码安全强度的概念。
(3) 熟练运用运算符 in。
(4) 熟练运用逻辑运算符 and,并理解其惰性求值的特点。
(5) 熟练运用字典结构。

实 验 内 容

一般地,可以作为密码字符的主要有数字、小写字母、大写字母和几个标点符号。密码安全强度主要和字符串的复杂程度有关系,字符串中包含的字符种类越多,认为其安全强度越高。按照这个标准,可以把安全强度分为强密码、中高、中低、弱密码。其中强密码表示字符串中同时含有数字、小写字母、大写字母、标点符号这 4 类字符,而弱密码表示字符串中仅包含 4 类字符中的一种。

编写程序,输入一个字符串,输出该字符串作为密码时的安全强度。

参 考 代 码

```
from string import digits, ascii_lowercase, ascii_uppercase

def check(pwd):
    #密码必须至少包含 6 个字符
```

```
    if not isinstance(pwd, str) or len(pwd)<6:
        return 'not suitable for password'

    #密码强度等级与包含字符种类的对应关系
    d = {1:'weak', 2:'below middle',
         3:'above middle', 4:'strong'}
    #分别用来标记 pwd 是否含有数字、小写字母、
    #大写字母和指定的标点符号
    r = [False] * 4

    for ch in pwd:
        #是否包含数字
        if not r[0] and ch in digits:
            r[0] = True
        #是否包含小写字母
        elif not r[1] and ch in ascii_lowercase:
            r[1] = True
        #是否包含大写字母
        elif not r[2] and ch in ascii_uppercase:
            r[2] = True
        #是否包含指定的标点符号
        elif not r[3] and ch in ',.!;?<>':
            r[3] = True
    #统计包含的字符种类,返回密码强度
    return d.get(r.count(True), 'error')

print(check('a2Cd,abc'))
```

实验 19 chapter 19

凯撒加密算法原理与实现

适用专业

适用于计算机科学与技术、网络工程、信息安全等相关专业，其他专业选做。

实验目的

(1) 了解 Python 标准库 string。
(2) 理解凯撒加密算法原理。
(3) 理解切片操作。
(4) 熟练运用字符串对象的方法。

实验内容

凯撒加密算法的原理：把明文中每个英文字母替换为该字母在字母表中后面第 k 个字母，如果后面第 k 个字符超出字母表的范围，则把字母表首尾相接，也就是字母 Z 的下一个字母是 A，字母 z 的下一个字母是 a。要求明文中的大写字母和小写字母分别进行处理，大写字母加密后仍为大写字母，小写字母加密后仍为小写字母。

凯撒加密算法是一种经典加密算法，虽然抗攻击能力非常弱，现在也没有很好的应用价值了，但其中的思路还是值得借鉴的。

编写程序，输入一个字符串作为待加密的明文，然后输入一个整数作为凯撒加密算法的密钥，最后输出该字符串使用该密钥加密后的结果。

参考代码

```
import string
def kaisa(s, k):
    lower = string.ascii_lowercase          #小写字母
```

```
    upper = string.ascii_uppercase          #大写字母
    before = string.ascii_letters
    after = lower[k:] + lower[:k] + upper[k:] + upper[:k]
    table = ''.maketrans(before, after)     #创建映射表
    return s.translate(table)               #返回加密结果

s = input('请输入一个字符串:')
k = int(input('请输入一个整数密钥:'))
print(kaisa(s, k))
```

实验 20 chapter 20

打字练习成绩评定

适用专业

适用于所有专业。

实验目的

(1) 熟练运用内置函数 zip()、sum()、round()、isinstance()、len()。
(2) 熟练运用生成器表达式。
(3) 养成在函数中测试参数是否合法的习惯。

实验内容

编写程序，模拟打字练习程序的成绩评定。假设 origin 为原始内容，userInput 为用户练习时输入的内容，要求用户输入的内容长度不能大于原始内容的长度。如果对应位置的字符一致则认为正确，否则判定输入错误。最后成绩为：正确的字符数量/原始字符串长度，按百分制输出，要求保留 2 位小数。

参考代码

```
def rate(origin, userInput):
    if not (isinstance(origin, str)
            and isinstance(userInput, str)):
        return 'The two parameters must be strings.'
    if len(origin) < len(userInput):
        return 'Sorry. I suppose the second string is shorter.'

    #精确匹配的字符个数
    right = sum(1
```

```
            for oc, uc in zip(origin, userInput)
            if oc==uc)
    return right/len(origin)

#测试数据
origin = '''Beautiful is better than ugly.
Explicit is better than implicit.
Simple is better than complex.
Complex is better than complicated.
Flat is better than nested.
Sparse is better than dense.
Readability counts.'''
userInput = '''Beautiful is better than ugly.
Explicit is better than implicit.
Simple is better than complex.
Complex is better than complicated.
Flat is better than nested.
Sparse is better than dense.
readability counts.'''

#测试函数功能
print(round(rate(origin, userInput) * 100, 2), '%', sep = '')
```

实验21 chapter 21

垃圾邮件快速识别思路与实现

适用专业

适用于所有专业。

实验目的

(1) 熟悉函数定义与调用语法。
(2) 熟悉函数默认值参数的用法。
(3) 了解垃圾邮件分类的方法原理。
(4) 熟练使用内置函数 sum()、map()。
(5) 熟练运用字符串方法。
(6) 熟练使用 lambda 表达式。
(7) 理解 Python 函数式编程模式。
(8) 了解算法中 rate 参数对分类结果的影响。

实验内容

朴素贝叶斯算法、支持向量机算法等主流的垃圾邮件分类算法都依赖于特征向量的提取和数据集对模型的训练，其中特征向量的提取又依赖于对邮件正文的分词结果。如果垃圾邮件发送者在邮件中插入一些干扰符号，很容易影响分词的结果。例如，在“发票”中间插入【变成“发【票”将会使得 jieba 或者 snownlp 之类的分词工具无法正常分词，从而干扰最终的邮件分类效果。

一般来说，在一封正常邮件中，是不会出现太多类似于【、】、*、-、/这样的符号的。如果一封邮件中包含的类似字符数量超过一定的比例，可以直接认为是垃圾邮件，而不需要朴素贝叶斯算法或者支持向量机等复杂的算法，可以大幅度提高分类速度。

编写程序，对给定的邮件内容进行分类，提示“垃圾邮件”或“正常邮件”。

参考代码

```
def check(text, rate=0.2):
    characters = '【】*-/\\'
    num = sum(map(lambda ch:text.count(ch),characters))
    if num/len(text) > rate:
        return '垃圾邮件'
    return '正常邮件'

#测试函数功能
text = '我公【司免】费开发【票,微*信*同-号'
print(check(text))
print(check(text, 0.5))
```

实验 22 chapter 22

批量生成姓名、家庭住址、电子邮箱等随机信息

适用专业

适用于计算机、数据科学、会计、统计等专业，其他专业选做。

实验目的

(1) 熟练运用标准库 random 中的函数。
(2) 了解标准库 string 中的字符串常量。
(3) 理解 Python 程序中__name__属性的作用。
(4) 了解汉字编码格式。
(5) 熟练掌握文本文件的操作方法。
(6) 在文件操作时养成使用上下文管理语句 with 的习惯。

实验内容

编写程序，生成 200 个人的模拟信息，包括姓名、性别、年龄、电话号码、家庭住址、电子邮箱地址，把生成的信息写入文本文件，每行存放一个人的信息，最后再读取生成的文本文件并输出其中的信息。

参考代码

```
import random
import string

#常用汉字 Unicode 编码表，可以自行搜索补充
```

```
StringBase = '\u7684\u4e00\u4e86\u662f\u6211\u4e0d\u5728\u4eba\u4eec'\
             '\u6709\u6765\u4ed6\u8fd9\u4e0a\u7740\u4e2a\u5730\u5230'\
             '\u5927\u91cc\u8bf4\u5c31\u53bb\u5b50\u5f97\u4e5f\u548c'\
             '\u90a3\u8981\u4e0b\u770b\u5929\u65f6\u8fc7\u51fa\u5c0f'\
             '\u4e48\u8d77\u4f60\u90fd\u628a\u597d\u8fd8\u591a\u6ca1'\
             '\u4e3a\u53c8\u53ef\u5bb6\u5b66\u53ea\u4ee5\u4e3b\u4f1a'\
             '\u6837\u5e74\u60f3\u751f\u540c\u8001\u4e2d\u5341\u4ece'\
             '\u81ea\u9762\u524d\u5934\u9053\u5b83\u540e\u7136\u8d70'\
             '\u5f88\u50cf\u89c1\u4e24\u7528\u5979\u56fd\u52a8\u8fdb'\
             '\u6210\u56de\u4ec0\u8fb9\u4f5c\u5bf9\u5f00\u800c\u5df1'\
             '\u4e9b\u73b0\u5c71\u6c11\u5019\u7ecf\u53d1\u5de5\u5411'\
             '\u4e8b\u547d\u7ed9\u957f\u6c34\u51e0\u4e49\u4e09\u58f0'\
             '\u4e8e\u9ad8\u624b\u77e5\u7406\u773c\u5fd7\u70b9\u5fc3'\
             '\u6218\u4e8c\u95ee\u4f46\u8eab\u65b9\u5b9e\u5403\u505a'\
             '\u53eb\u5f53\u4f4f\u542c\u9769\u6253\u5462\u771f\u5168'\
             '\u624d\u56db\u5df2\u6240\u654c\u4e4b\u6700\u5149\u4ea7'\
             '\u60c5\u8def\u5206\u603b\u6761\u767d\u8bdd\u4e1c\u5e2d'
def getEmail():
    #常见域名后缀,可以随意扩展该列表
    suffix = ['.com', '.org', '.net', '.cn']
    characters = string.ascii_letters+string.digits+'_'
    username = ''.join((random.choice(characters)
                        for i in range(random.randint(6,12))))
    domain = ''.join((random.choice(characters)
                      for i in range(random.randint(3,6))))
    return username+'@'+domain+random.choice(suffix)

def getTelNo():
    return ''.join((str(random.randint(0,9)) for i in range(11)))

def getNameOrAddress(flag):
    '''flag = 1 表示返回随机姓名,flag = 0 表示返回随机地址'''
    result = ''
    if flag == 1:
        #大部分中国人姓名在 2~4 个汉字
        rangestart, rangeend = 2, 5
    elif flag == 0:
        #假设地址为 10~30 个汉字
        rangestart, rangeend = 10, 31
    else:
        print('flag must be 1 or 0')
        return ''
    #生成并返回随机信息
    for i in range(random.randrange(rangestart, rangeend)):
```

```
        result += random.choice(StringBase)
    return result

def getSex():
    return random.choice(('男', '女'))

def getAge():
    return str(random.randint(18,100))

def main(filename):
    with open(filename, 'w', encoding='utf-8') as fp:
        #写入表头
        fp.write('Name,Sex,Age,TelNO,Address,Email\n')
        #生成 200 个人的随机信息
        for i in range(200):
            name = getNameOrAddress(1)
            sex = getSex()
            age = getAge()
            tel = getTelNo()
            address = getNameOrAddress(0)
            email = getEmail()
            line = ','.join([name,sex,age,tel,address,email])+'\n'
            fp.write(line)

def output(filename):
    with open(filename, 'r', encoding='utf-8') as fp:
        for line in fp:
            print(line)

if __name__ == '__main__':
    filename = 'information.txt'
    main(filename)
    output(filename)
```

实验 23 chapter 23

自定义类模拟三维向量及其运算

适用专业

适用于计算机、网络工程、通信工程、软件工程等相关专业，其他专业选做。

实验目的

(1) 了解如何定义一个类。
(2) 了解如何定义类的私有数据成员和成员方法。
(3) 了解如何使用自定义类实例化对象。

实验内容

定义一个三维向量类，并定义相应的特殊方法实现两个该类对象之间的加、减运算(要求支持运算符+、-)，实现该类对象与标量的乘、除运算(要求支持运算符 * 、/)，以及向量长度的计算(要求使用属性实现)。

参考代码

```
class Vector3:
    #构造方法，初始化，定义向量坐标
    def __init__(self, x, y, z):
        self.__x = x
        self.__y = y
        self.__z = z

    #与另一个向量相加，对应分量相加，返回新向量
    def __add__(self, anotherPoint):
        x = self.__x + anotherPoint.__x
```

```
        y = self.__y + anotherPoint.__y
        z = self.__z + anotherPoint.__z
        return Vector3(x, y, z)

    #减去另一个向量,对应分量相减,返回新向量
    def __sub__(self, anotherPoint):
        x = self.__x - anotherPoint.__x
        y = self.__y - anotherPoint.__y
        z = self.__z - anotherPoint.__z
        return Vector3(x, y, z)

    #向量与一个数字相乘,各分量乘以同一个数字,返回新向量
    def __mul__(self, n):
        x, y, z = self.__x * n, self.__y * n, self.__z * n
        return Vector3(x, y, z)

    #向量除以一个数字,各分量除以同一个数字,返回新向量
    def __truediv__(self, n):
        x, y, z = self.__x/n, self.__y/n, self.__z/n
        return Vector3(x, y, z)

    #查看向量长度,所有分量平方和的平方根
    @property
    def length(self):
        return (self.__x**2 + self.__y**2 + self.__z**2)**0.5

    def __str__(self):
        return 'Vector3({},{},{})'.format(self.__x,
                                          self.__y,
                                          self.__z)

#用法演示
v1 = Vector3(3, 4, 5)
v2 = Vector3(5, 6, 7)
print(v1+v2)
print(v1-v2)
print(v1 * 3)
print(v2/2)
print(v1.length)
```

实验 24 chapter 24

自定义类实现带超时功能的队列结构

适 用 专 业

适用于计算机、网络工程、通信工程、软件工程等相关专业，其他专业选做。

实 验 目 的

(1) 了解标准库 time 中 time()函数的用法。
(2) 了解如何定义一个类。
(3) 理解队列结构的特点。
(4) 理解入队和出队时超时功能的实现。

实 验 内 容

编写程序，实现自定义类，模拟队列结构。要求实现入队、出队以及修改队列大小和判断队列是否为空、是否为满的功能，同时要求在入队时如果队列已满则等待指定时间、出队时如果队列已空则等待指定时间等辅助功能。

参 考 代 码

```
import time

class myQueue:
    def __init__(self, size=10):
        self._content = []
        self._size = size
        self._current = 0

    def setSize(self, size):
```

```
        if size < self._current:
            #如果缩小队列,应删除后面的元素
            for i in range(size, self._current)[::-1]:
                del self._content[i]
            self._current = size
        self._size = size

    def put(self, v, timeout=999999):
        #模拟入队,在列表尾部追加元素
        #队列满,阻塞,超时放弃
        for i in range(timeout):
            if self._current < self._size:
                self._content.append(v)
                self._current = self._current+1
                break
            time.sleep(1)
        else:
            return '队列已满,超时放弃'

    def get(self, timeout=999999):
        #模拟出队,从列表头部弹出元素
        #队列为空,阻塞,超时放弃
        for i in range(timeout):
            if self._content:
                self._current = self._current-1
                return self._content.pop(0)
            time.sleep(1)
        else:
            return '队列为空,超时放弃'

    def show(self):
        #如果列表非空,输出列表
        if self._content:
            print(self._content)
        else:
            print('The queue is empty')

    def empty(self):
        self._content = []
        self._current = 0

    def isEmpty(self):
        return not self._content
```

```
    def isFull(self):
        return self._current == self._size

if __name__ == '__main__':
    print('Please use me as a module.')
```

实验 25 读写文本文件并添加行号

chapter 25

适用专业

适用于所有专业。

实验目的

(1) 熟练掌握内置函数 open()的用法。

(2) 熟练运用内置函数 len()、max()、enumerate()。

(3) 熟练运用字符串的 strip()、ljust()和其他方法。

(4) 熟练运用列表推导式。

实验内容

编写一个程序 demo.py,要求运行该程序后,生成 demo_new.py 文件,其中内容与 demo.py 一样,只是在每一行的后面加上行号。要求行号以#开始,并且所有行的#垂直对齐。

参考代码

```
filename = 'demo.py'
with open(filename, 'r') as fp:
    lines = fp.readlines()
maxLength = len(max(lines, key=len))

lines = [line.rstrip().ljust(maxLength)+'#'+str(index)+'\n'
        for index, line in enumerate(lines)]
with open(filename[:-3]+'_new.py', 'w') as fp:
    fp.writelines(lines)
```

实验 26 chapter 26

计算文件 MD5 值

适用专业

适用于计算机、网络工程、信息安全等相关专业，其他专业选做。

实验目的

(1) 熟练掌握内置函数 open()。
(2) 熟练掌握以二进制模式读取文件内容的方法。
(3) 了解 Python 标准库 hashlib 中的 md5()函数用法。
(4) 了解标准库 os.path 中常用函数的用法。

实验内容

MD5 是一种常用的哈希算法，不论原始信息长度如何，总是计算得到一个固定长度的二进制串。该算法对原文的改动非常敏感，原文哪怕只做非常微小的改动，重新计算得到的 MD5 会有巨大的变化。因此，该算法常用于检验信息在发布后是否发生过修改，例如文件完整性检验或者数字签名。

Python 标准库 hashlib 中的 md5()函数可以用来计算字节串的 MD5 值，如果是要计算其他类型数据的 MD5 值，需要首先将其转换为字节串。

编写程序，要求输入一个文件名，然后输出该文件的 MD5 值，如果文件不存在就进行相应的提示。

参考代码

```
import hashlib
import os.path
```

```
fileName = input('请输入文件名(包含完整路径):')
if os.path.isfile(fileName):
    with open(fileName, 'rb') as fp:
        data = fp.read()
        print(hashlib.md5(data).hexdigest())
else:
    print('文件不存在.')
```

实验 27 chapter 27

磁盘垃圾文件清理器 DIY

适用专业

适用于计算机、网络工程等相关专业，其他专业选做。

实验目的

(1) 熟练运用标准库 os 和 os. path 中的函数。
(2) 理解 sys 库中 argv 成员的用法。
(3) 理解 Python 程序接收命令行参数的方式。
(4) 理解递归遍历目录树的原理。
(5) 了解从命令提示符环境运行 Python 程序的方式。

实验内容

编写程序，实现磁盘垃圾文件清理功能。要求程序运行时，通过命令行参数指定要清理的文件夹，然后删除该文件夹及其子文件夹中所有扩展名为 tmp、log、obj、txt 以及大小为 0 的文件。

本程序使用了 sys. argv 来接收命令行参数，建议在命令提示符环境中使用"python 实验 27. py D:\\test"类似的命令执行。如果要在 IDLE 中执行程序，可以依次执行 Run→Run…Customized 命令，在弹出的对话框中输入命令行参数，然后单击 OK 按钮，如图 27.1 所示。

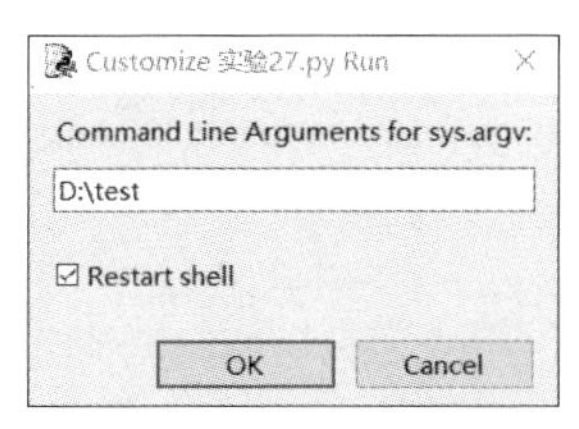

图 27.1 提交命令行参数

参考代码

```
from os.path import isdir, join, splitext, getsize
from os import remove, listdir
import sys

#指定要删除的文件类型
filetypes = ['.tmp', '.log', '.obj', '.txt']

def delCertainFiles(directory):
    if not isdir(directory):
        return
    for filename in listdir(directory):
        temp = join(directory, filename)
        if isdir(temp):
            delCertainFiles(temp)
        elif splitext(temp)[1] in filetypes or getsize(temp)==0:
            #删除指定类型的文件或大小为 0 的文件
            remove(temp)
            print(temp, ' deleted...')


directory = sys.argv[1]
delCertainFiles(directory)
```

实验 28 chapter 28

处理Excel文件中的成绩数据

适用专业

适用于计算机、网络工程、统计、会计等相关专业，其他专业选做。

实验目的

(1) 了解扩展库 openpyxl 的安装与使用。
(2) 了解使用扩展库 openpyxl 操作 Excel 文件的方法。
(3) 熟练运用字典结构解决实际问题。

实验内容

假设某学校所有课程每学期允许多次考试，学生可随时参加考试，系统自动将每次考试的成绩都添加到 Excel 文件(包含 3 列：姓名、课程、成绩)中，现期末要求统计所有学生每门课程的最高成绩。

编写程序，模拟生成若干同学的成绩并写入 Excel 文件，其中学生姓名和课程名称均可重复，也就是允许出现同一门课程的多次成绩，最后统计所有学生每门课程的最高成绩，并写入新的 Excel 文件。

实验步骤

(1) 在命令提示符环境使用 pip install openpyxl 命令安装扩展库 openpyxl。
(2) 编写代码。

```
from random import choice, randint
from openpyxl import Workbook, load_workbook
```

```
#生成随机数据
def generateRandomInformation(filename):
    workbook = Workbook()
    worksheet = workbook.worksheets[0]
    worksheet.append(['姓名','课程','成绩'])

    #中文名字中的第一、第二、第三个字
    first = '赵钱孙李'
    middle = '伟昀琛东'
    last = '坤艳志'
    subjects = ('语文','数学','英语')
    for i in range(200):
        name = choice(first)
        #按一定概率生成只有两个字的中文名字
        if randint(1,100)>50:
            name = name + choice(middle)
        name = name + choice(last)
        #依次生成姓名、课程名称和成绩
        worksheet.append([name, choice(subjects), randint(0, 100)])
    #保存数据,生成 Excel 2007 格式的文件
    workbook.save(filename)

def getResult(oldfile, newfile):
    #用于存放结果数据的字典
    result = dict()

    #打开原始数据
    workbook = load_workbook(oldfile)
    worksheet = workbook.worksheets[0]

    #遍历原始数据
    for row in worksheet.rows:
        if row[0].value == '姓名':
            continue
        #姓名、课程名称、本次成绩
        name, subject, grade = map(lambda cell:cell.value, row)

        #获取当前姓名对应的课程名称和成绩信息
        #如果 result 字典中不包含,则返回空字典
        t = result.get(name, {})
        #获取当前学生当前课程的成绩,若不存在,返回 0
        f = t.get(subject, 0)
        #只保留该学生该课程的最高成绩
        if grade > f:
```

```
            t[subject] = grade
            result[name] = t

    workbook1 = Workbook()
    worksheet1 = workbook1.worksheets[0]
    worksheet1.append(['姓名','课程','成绩'])

    #将 result 字典中的结果数据写入 Excel 文件
    for name, t in result.items():
        print(name, t)
        for subject, grade in t.items():
            worksheet1.append([name, subject, grade])

    workbook1.save(newfile)

if __name__ == '__main__':
    oldfile = r'd:\test.xlsx'
    newfile = r'd:\result.xlsx'
    generateRandomInformation(oldfile)
    getResult(oldfile, newfile)
```

实验 29 chapter 29

演员关系分析

适用专业

适用于计算机、数据科学等相关专业，其他专业选做。

实验目的

(1) 熟悉 Python 扩展库 openpyxl 的安装与使用。
(2) 了解 Excel 文件结构与数据组织形式。
(3) 熟练掌握集合运算以及集合常用方法。
(4) 熟练掌握标准库 functools 中 reduce()函数的运用。
(5) 熟练掌握字典的 get()方法。
(6) 了解 itertools 标准库中常用函数的用法。
(7) 熟练掌握内置函数 enumerate()的用法。
(8) 熟练掌握内置函数 max()中 key 参数的用法。
(9) 熟练掌握 lambda 表达式。
(10) 熟悉字符串的 split()方法。
(11) 熟悉字符串的 format()方法。
(12) 熟悉列表推导式。
(13) 熟悉循环结构中 continue 语句的用法。
(14) 熟练掌握 lambda 表达式。

实验内容

假设当前文件夹中有 Excel 文件“电影导演演员.xlsx”，其中内容如图 29.1 所示。要求统计所有演员中关系最好的 n 个演员及其共同参演电影数量，其中 n 可以指定为大于或等于 2 的整数。这里关系好的定义为共同参演电影数量最多。

编写程序，使用 Python 扩展库 openpyxl 读取 Excel 文件中的数据，返回一个字典。

◢	A	B	C
1	电影名称	导演	演员
2	电影1	导演1	演员1，演员2，演员3，演员4
3	电影2	导演2	演员3，演员2，演员4，演员5
4	电影3	导演3	演员1，演员5，演员3，演员6
5	电影4	导演1	演员1，演员4，演员3，演员7
6	电影5	导演2	演员1，演员2，演员3，演员8
7	电影6	导演3	演员5，演员7，演员3，演员9
8	电影7	导演4	演员1，演员4，演员6，演员7
9	电影8	导演1	演员1，演员4，演员3，演员8
10	电影9	导演2	演员5，演员4，演员3，演员9
11	电影10	导演3	演员1，演员4，演员5，演员10
12	电影11	导演1	演员1，演员4，演员3，演员11
13	电影12	导演2	演员7，演员4，演员9，演员12
14	电影13	导演3	演员1，演员7，演员3，演员13
15	电影14	导演4	演员10，演员4，演员9，演员14
16	电影15	导演5	演员1，演员8，演员11，演员15
17	电影16	导演6	演员14，演员4，演员13，演员16
18	电影17	导演7	演员3，演员4，演员9
19	电影18	导演8	演员3，演员4，演员10

图 29.1　文件内容

在字典中，使用演员名字作为“键”，使用包含该演员参演电影名称的集合作为“值”。读取数据时，跳过表头，对于每一行有效数据，获取每一行的电影名称和演员清单，对该电影的参演演员进行分隔得到演员列表，列表中的每个演员都参演过该行对应的电影。

参考代码

```
from itertools import combinations
from functools import reduce
import openpyxl
from openpyxl import Workbook

def getActors(filename):
    actors = dict()
    #打开 xlsx 文件，并获取第一个 worksheet
    wb = openpyxl.load_workbook(filename)
    ws = wb.worksheets[0]
    #遍历 Excel 文件中的所有行
    for index, row in enumerate(ws.rows):
        #跳过第一行的表头
        if index == 0:
            continue
        #获取电影名称和演员列表
        filmName, actor = row[0].value, row[2].value.split('，')
        #遍历该电影的所有演员，统计参演电影
        for a in actor:
            actors[a] = actors.get(a, set())
            actors[a].add(filmName)
    return actors
```

```
data = getActors('电影导演演员.xlsx')

def relations(num):
    #参数 num 表示要查找关系最好的 num 个人
    #包含全部电影名称的集合
    allFilms = reduce(lambda x,y: x|y, data.values(), set())
    #关系最好的 num 个演员及其参演电影名称
    combiData = combinations(data.items(), num)
    trueLove = max(combiData,
                   key = lambda item: len(reduce(lambda x,y:x&y,
                                                 [i[1] for i in item],
                                                 allFilms)))
    return ('关系最好的{0}个演员是{1},'
            '他们共同主演的电影数量是{2}'.format(num,
                             tuple((item[0] for item in trueLove)),
                             len(reduce(lambda x,y:x&y,
                                        [item[1] for item in trueLove],
                                        allFilms))))

print(relations(2))
print(relations(3))
print(relations(4))
```

实验 30 chapter 30

批量修改 Excel 文件格式

适用专业

适用于计算机、会计、数据科学等相关专业，其他专业选做。

实验目的

(1) 熟练安装 Python 扩展库 openpyxl。
(2) 了解 Excel 文件结构和数据组织形式。
(3) 熟练掌握 openpyxl 读写 Excel 文件的方法。
(4) 熟练使用 Python 标准库 random 中的函数。
(5) 熟练掌握函数定义与使用。

实验内容

编写程序，生成一些 Excel 文件并写入一些测试数据，然后批量修改这些文件的格式。要求：①每列的表头变为黑体并加粗；②把偶数行所有列的文本设置为宋体、红色，并且使用从红色到蓝色的渐变色对背景进行填充；③奇数行所有单元格的文本设置为浅蓝色、宋体。

参考代码

```
from random import sample
import openpyxl
from openpyxl.styles import Font, colors, fills

def generateXlsx(num):
    #生成指定数量的 Excel 文件,并写入测试数据
```

```
    for i in range(num):
        #新建 Excel 文件,获取第一个 worksheet
        wb = openpyxl.Workbook()
        ws = wb.worksheets[0]
        #添加表头
        ws.append(['字段'+str(_) for _ in range(1,6)])
        #添加随机数据
        for _ in range(10):
            ws.append(sample(range(10000), 5))
        #保存为 Excel 文件
        wb.save(str(i)+'.xlsx')

def batchFormat(num):
    #批量修改 Excel 文件的格式
    for i in range(num):
        #打开指定的 Excel 文件,获取第一个 worksheet
        fn = str(i)+'.xlsx'
        wb = openpyxl.load_workbook(fn)
        ws = wb.worksheets[0]
        #枚举 worksheet 所有行
        for irow, row in enumerate(ws.rows, start=1):
            if irow == 1:
                #表头加粗、黑体
                font = Font('黑体', bold=True)
            elif irow%2 == 0:
                #偶数行红色、宋体
                font = Font('宋体', color=colors.RED)
            else:
                #奇数行浅蓝色、宋体
                font = Font('宋体', color='00CCFF')
            for cell in row:
                #设置该行所有单元格的字体
                cell.font = font
                #偶数行添加背景填充色,从红到蓝渐变
                if irow%2 == 0:
                    cell.fill = fills.GradientFill(stop=['FF0000',
                                                         '0000FF'])
        #另存为新文件
        wb.save('new'+fn)

generateXlsx(5)
batchFormat(5)
```

实验 31 chapter 31

合并多个相同表头但有纵向单元格合并的 Excel 文件

适用专业

适用于计算机、会计、统计、数据科学等相关专业，其他专业选做。

实验目的

(1) 了解 Excel 文件结构。
(2) 熟练安装扩展库 openpyxl。
(3) 了解使用 openpyxl 读写 Excel 文件的用法。
(4) 熟练使用列表推导式和生成器推导式。
(5) 熟练运用循环结构的 else 子句。

实验内容

准备多个具有相同表头结构的 Excel 文件，每个文件中第一列具有不同的单元格合并方式，如图 31.1 所示。

编写程序，合并这些 Excel 文件的内容，并进行适当的单元格合并，结果如图 31.2 所示。

参考代码

```
from os import listdir
from os.path import exists
import openpyxl
```

	A	B	C	D	E
1	学院	姓名	成绩		
2		张三	80		
3		李四	90		
4	计算机	王五	70		
5		赵六	85		
6		马七	75		

(a) 文件1

	A	B	C	D	E
1	学院	姓名	成绩		
2		a	88		
3		b	78		
4		c	87		
5	数学	d	68		
6		e	90		
7		f	67		
8		g	80		

(b) 文件2

	A	B	C	D	E
1	学院	姓名	成绩		
2	体育	a	80		
3	体育	b	70		
4	体育	c	88		
5	体育	g	79		
6	体育	m	87		

(c) 文件3

图 31.1　Excel 文件

	A	B	C	D	E
1	学院	姓名	成绩		
2		a	80		
3		b	70		
4		c	88		
5		g	79		
6	体育	m	87		
7		a	88		
8		b	78		
9		c	87		
10		d	68		
11		e	90		
12		f	67		
13	数学	g	80		
14		张三	80		
15		李四	90		
16		王五	70		
17		赵六	85		
18	计算机	马七	75		

图 31.2　合并后的文件

```
#结果文件名,如果已存在,先删除
result = 'result.xlsx'
if exists(result):
    os.remove(result)

#创建空白结果文件,并添加表头
wbResult = openpyxl.Workbook()
wsResult = wbResult.worksheets[0]
wsResult.append(['学院', '姓名', '成绩'])

#遍历当前文件夹中所有 xlsx 文件
#把除表头之外的内容追加到结果文件中
fns = (fn for fn in listdir() if fn.endswith('.xlsx'))
```

```
for fn in fns:
    wb = openpyxl.load_workbook(fn)
    ws = wb.worksheets[0]
    for index, row in enumerate(ws.rows):
        #跳过表头
        if index == 0:
            continue
        wsResult.append(list(map(lambda cell:cell.value,row)))

#结果文件中所有行,前面加一个空串,方便索引
rows = [''] + list(wsResult.rows)
index1 = 2
rowCount = len(rows)

#处理结果文件,合并第一列中合适的单元格
while index1 < rowCount:
    value = rows[index1][0].value
    #如果当前单元格没有内容,或者与前面的内容相同,就合并
    for index2, row2 in enumerate(rows[index1+1:], index1+1):
        if not (row2[0].value==None or row2[0].value== value):
            break
    else:
        #已到文件尾,合并单元格
        wsResult.merge_cells('A'+str(index1)+':A'+str(index2))
        break
    #未到文件尾,合并单元格
    wsResult.merge_cells('A'+str(index1)+':A'+str(index2-1))
    index1 = index2

#保存结果文件
wbResult.save(result)
```

实验 32 chapter 32

Excel 文件数据导入 SQLite 数据库

适用专业

适用于计算机、网络工程、软件工程等相关专业，其他专业选做。

实验目的

（1）熟练运用扩展库 openpyxl 操作 Excel 文件。
（2）熟悉 SQL 语句的编写。
（3）熟悉生成器函数的编写和使用。
（4）理解并运用 time 模块测试代码运行时间。
（5）熟悉标准库 string、os、os. path、sqlite3、time 的用法。

实验内容

编写程序，生成 50 个 Excel 文件，每个文件中包含 5 列数据，其中每个单元格内的内容随机生成，并且每个 Excel 文件的数据行数不相同。然后创建一个 SQLite 数据库，其结构与 Excel 文件相符合，最后把前面生成的 50 个 Excel 文件中的数据导入到这个数据库中。要求程序最后输出导入速度，即平均每秒导入多少条记录。

参考代码

```
from random import choice, randrange
from string import digits, ascii_letters
from os import listdir, mkdir
from os.path import isdir
import sqlite3
from time import time
```

```
from openpyxl import Workbook, load_workbook

def generateRandomData():
    ''' 生成测试数据,共 50 个 Excel 文件,每个文件有 5 列随机字符串'''
    #如果不存在子文件夹 xlsxs,就创建
    if not isdir('xlsxs'):
        mkdir('xlsxs')

    #total 表示记录总条数
    global total

    #候选字符集
    characters = digits + ascii_letters

    #生成 50 个 Excel 文件
    for i in range(50):
        xlsName = 'xlsxs\\'+str(i)+'.xlsx'

        #随机数,每个 xlsx 文件的行数不一样
        totalLines = randrange(10**4)

        #创建 Workbook,获取第一个 Worksheet
        wb = Workbook()
        ws = wb.worksheets[0]

        #写入表头
        ws.append(['a', 'b', 'c', 'd', 'e'])
        #随机数据,每行 5 个字段,每个字段 30 个字符
        for j in range(totalLines):
            line = [''.join((choice(characters)
                             for ii in range(30)))
                    for jj in range(5)]
            ws.append(line)
            total += 1

        #保存 xlsx 文件
        wb.save(xlsName)

def eachXlsx(xlsxFn):
    '''针对每个 xlsx 文件的生成器'''
    #打开 Excel 文件,获取第一个 Worksheet
    wb = load_workbook(xlsxFn)
    ws = wb.worksheets[0]
    for index, row in enumerate(ws.rows):
```

```
        #忽略表头
        if index == 0:
            continue
        yield tuple(map(lambda x:x.value, row))

def xlsx2sqlite():
    '''从批量 Excel 文件中导入数据到 SQLite 数据库'''
    #获取所有 xlsx 文件名
    xlsxs = ('xlsxs\\'+fn for fn in listdir('xlsxs'))

    #连接数据库,创建游标
    with sqlite3.connect('dataxlsx.db') as conn:
        cur = conn.cursor()
        for xlsx in xlsxs:
            #批量导入,减少提交事务的次数,可以提高速度
            sql = 'INSERT INTO fromxlsx VALUES(?,?,?,?,?)'
            cur.executemany(sql, eachXlsx(xlsx))
            conn.commit()

#用来记录生成的随机数据的总行数
total = 0

#生成随机数据
generateRandomData()

#导入数据,并测试速度
start = time()
xlsx2sqlite()
delta = time()-start

print('导入用时:', delta)
print('导入速度(条/秒):', total/delta)
```

实验 33 chapter 33

查找 Word 中红色文本和加粗文本

适 用 专 业

适用于计算机、软件工程等相关专业,其他专业选做。

实 验 目 的

(1) 了解扩展库 python-docx 的安装与使用。

(2) 理解 Word 文档结构和内容组织形式。

(3) 理解 Word 文档中 run 的概念。

(4) 熟练运用列表、字典、集合等结构解决实际问题。

实 验 内 容

编写程序,读取 Word 文件中的所有段落文本,然后输出其中所有红色的文本和加粗的文本以及同时具有这两种属性的文本。

实 验 步 骤

(1) 在命令提示符环境使用 pip install python-docx 命令安装扩展库 python-docx。

(2) 创建测试用的 Word 文档 test.docx,写入测试内容,并根据需要设置红色文本和加粗文本。

(3) 编写程序查找并输出 Word 文档 test.docx 中的红色文本和加粗文本。

```
from docx import Document
from docx.shared import RGBColor

boldText = []
redText = []
```

```
doc = Document('test.docx')
for p in doc.paragraphs:
    for r in p.runs:
        #加粗字体
        if r.bold:
            boldText.append(r.text)
        #红色字体
        if r.font.color.rgb == RGBColor(255,0,0):
            redText.append(r.text)

result = {'red text': redText,
          'bold text': boldText,
          'both': set(redText) & set(boldText)}
#输出结果
for title in result.keys():
    print(title.center(30, '='))
    for text in result[title]:
        print(text)
```

(4) 改写代码,统计 Word 文档中使用次数最多的前 3 种颜色(黑色除外)。关注微信公众号"Python 小屋"发送消息"历史文章",然后搜索"前 3 种颜色"查看代码。

实验 34 chapter 34

使用正则表达式查找 Word 文件中 AABB 形式的词语

适用专业

适用于计算机、数据科学、网络工程、软件工程等相关专业，其他专业选做。

实验目的

(1) 熟练安装 Python 扩展库 python-docx。
(2) 了解 Word 文件的内容组织方式。
(3) 熟悉 Python 标准库 re 中常用函数的用法。
(4) 熟悉正则表达式子模式的工作原理。
(5) 了解常用汉字 Unicode 编码的范围。

实验内容

安装 Python 扩展库 python-docx，然后读取一个 Word 文章中所有段落的文本，查找并输出其中所有 AABB 形式的词语，例如踏踏实实、密密麻麻、简简单单、时时刻刻。

参考代码

```
import re
from docx import Document

doc = Document('测试文件.docx')
for para in doc.paragraphs:
    text = para.text
```

```
pattern = r'(([\u4e00-\u9fa5])\2([\u4e00-\u9fa5])\3)'
r = re.findall(pattern, text)
if r:
    for word in r:
        print(word[0])
```

实验 35 chapter 35

统计指定文件夹及其子文件夹中所有 PPTX 文件中的幻灯片总数量

适用专业

适用于计算机、数据科学等相关专业，其他专业选做。

实验目的

(1) 熟练安装 Python 扩展库 python-pptx。
(2) 了解 Python 扩展库 python-pptx 的用法。
(3) 熟练掌握递归遍历指定文件夹及其子文件夹的方法。
(4) 熟悉标准库 os 和 os.path 的用法。
(5) 熟练掌握全局变量的定义与使用。

实验内容

在某个文件夹中有若干子文件夹，在每个子文件夹中都有一些扩展名为 pptx 的 PowerPoint 2007+ 文件。要求编写程序，统计指定文件夹中所有 PPTX 文件中的幻灯片总数量。

参考代码

```
import os
import os.path
import pptx

total = 0
```

```
def pptCount(path):
    global total
    for subPath in os.listdir(path):
        subPath = os.path.join(path, subPath)
        if os.path.isdir(subPath):
            pptCount(subPath)
        elif subPath.endswith('.pptx'):
            print(subPath)
            presentation = pptx.Presentation(subPath)
            total += len(presentation.slides)

pptCount('F:\\教学课件\\Python程序设计(第2版)')
print(total)
```

实验 36 chapter 36

读取 PPTX 文件所有幻灯片中表格内的数据

适 用 专 业

适用于计算机、统计、数据科学等相关专业，其他专业选做。

实 验 目 的

（1）熟练安装扩展库 python-pptx。
（2）了解 PPTX 文件的结构。
（3）使用扩展库 python-pptx 读取 PPTX 文件中的表格信息。

实 验 内 容

首先准备一个包含表格的 PPTX 文件，然后编写代码读取并输出该 PPTX 文件中所有表格的内容。

参 考 代 码

```
import pptx

#打开已有演示文档
pptFile = pptx.Presentation('test.pptx')
#遍历所有幻灯片
for slide in pptFile.slides:
    #遍历当前幻灯片中的所有组件
    for shape in slide.shapes:
        #找到表格
```

```
if shape.shape_type == 19:
    table = shape
    #遍历并输出单元格中的内容
    for row in table.table.rows:
        for cell in row.cells:
            print(cell.text_frame.text, end='\t')
        print()
    print()
```

实验 37 批量导入图片创建 HTML5 网页文件

chapter 37

适 用 专 业

适用于计算机、网络工程、软件工程、数字媒体等相关专业，其他专业选做。

实 验 目 的

(1) 熟练使用内置函数 open()创建不同类型的文件。
(2) 了解 HTML5 语法和常见标签的用法。
(3) 了解网页文件的编码格式。
(4) 了解 HTML5 文件中样式的用法。

实 验 内 容

准备大量图片文件，要求内容相关且连贯。下面代码用到的图片是把一个 PPT 文件中的每个幻灯片批量保存为图片文件得到的，如图 37.1 所示。

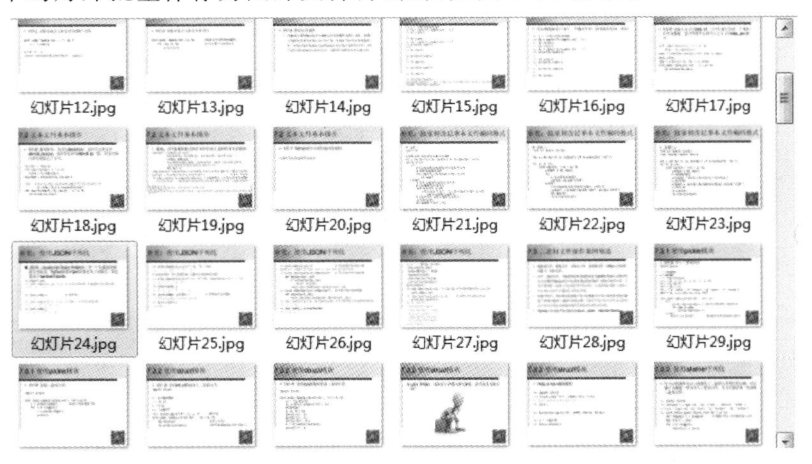

图 37.1　幻灯片文件

编写程序,创建 HTML5 网页并批量导入这些图片文件,要求图片在网页中按序号升序显示,并且为图片增加样式使得图片适当进行旋转,最终效果如图 37.2 所示。

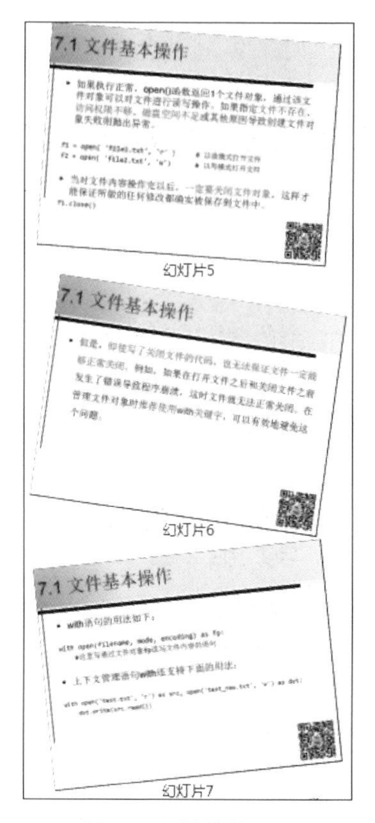

图 37.2　最终效果图

参考代码

```
from os import listdir
from random import randint

#网页头部信息
head = '''<!DOCTYPE html>
<html>
    <head>
        <meta charset = "utf-8" />
        <title>{}</title>
    </head>
    <body><br/><br/><br/>\n'''.format('第 7 章文件操作')

#创建 HTML5 网页文件,写入信息
```

```
with open('chapter7.html', 'w', encoding='utf8') as fp:
    #写入网页文件头部信息
    fp.write(head)
    #获取当前文件夹中所有 JPG 图片文件的名称
    fns = [fn for fn in listdir() if fn.endswith('.jpg')]
    #按文件名序号升序排序
    fns.sort(key=lambda fn: int(fn[3:fn.rindex('.')]))
    for fn in fns:
        #写入每个图片文件的信息
        pic = r'''        <div align="center">
            <figure>
                    <img src="{}" border="1"
                     style="transform: rotate({}deg);"/>
                    <figcaption>{}</figcaption>
            </figure>
        </div>'''.format(fn,
                         randint(1, 16)-8,
                         fn[:fn.rindex('.')])
        fp.write(pic)
    #所有图片均已导入,闭合 body 和 html 标签
    fp.write('''    </body>\n</html>''')
```

实验 38 chapter 38

tkinter 版小学数学口算题生成器设计与实现

适用专业

适用于计算机相关专业，其他专业选做。

实验目的

(1) 熟悉 Python 标准库 tkinter 创建 GUI 应用程序的方法和步骤。

(2) 熟练安装 Python 扩展库 python-docx。

(3) 熟悉 Python 扩展库 python-docx 操作 Word 文档的方法。

(4) 了解使用 Python 扩展库 python-docx 在 Word 文件中创建表格并写入数据的方法。

(5) 了解小学生各年级数学知识的学习程度和口算题目要求。

(6) 熟练使用 Python 标准库 random 中的函数。

(7) 熟练使用 Python 标准库 os 中的函数。

实验内容

在小学一、二年级，只能口算 20 以内整数的加、减法，三、四年级可以口算超过 20 的整数四则运算，五年级以上可以口算带括号的式子。

编写程序，批量生成小学口算题，要求把生成的口算题写入 Word 文件中的表格。表格共 4 列，用户指定表格行数和题目适用年级。程序运行后界面如图 38.1 所示。

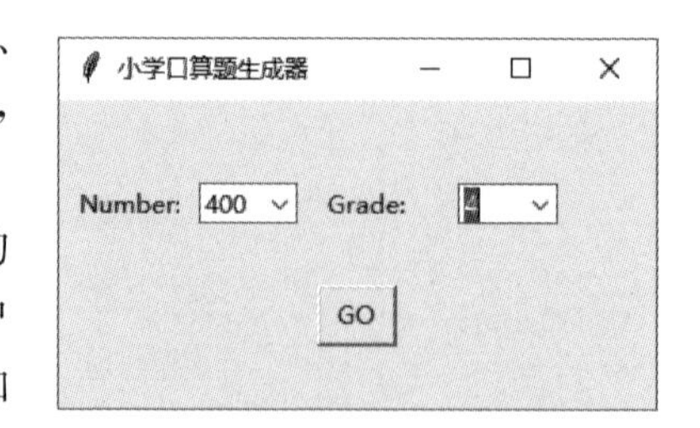

图 38.1 程序运行界面

参考代码

```
import random
import os
import tkinter
import tkinter.ttk
from docx import Document

columnsNumber = 4

def main(rowsNumber=20, grade=4):
    if grade < 3:
        operators = '+-'
        biggest = 20
    elif grade <= 4:
        operators = '+-×÷'
        biggest = 100
    elif grade >= 5:
        operators = '+-×÷('
        biggest = 100

#创建Word文档,创建表格
    document = Document()
    table = document.add_table(rows=rowsNumber,
                               cols=columnsNumber)
    table.style.font.name = '宋体'
    for row in range(rowsNumber):
        for col in range(columnsNumber):
            first = random.randint(1, biggest)
            second = random.randint(1, biggest)
            operator = random.choice(operators)

            #不带括号的口算题
            if operator != '(':
                if operator == '-':
                    if first < second:
                        first, second = second, first
                r = str(first).ljust(2, ' ') + ' ' + operator\
                    +str(second).ljust(2, ' ') + ' = '
            else:
                #考虑带括号的口算题
                third = random.randint(1, 100)
```

```
                while True:
                    o1 = random.choice(operators)
                    o2 = random.choice(operators)
                    if o1 != '(' and o2 != '(':
                        break
                #随机控制括号的位置
                rr = random.randint(1, 100)
                if rr > 50:
                    if o2 == '-':
                        if second < third:
                            second, third = third, second
                    r = str(first).ljust(2, ' ') + o1 + ' ( ' +\
                        str(second).ljust(2, ' ') + o2 +\
                        str(third).ljust(2, ' ') + ') = '
                else:
                    if o1 == '-':
                        if first < second:
                            first, second = second, first
                    r = '(' + str(first).ljust(2, ' ') + o1 +\
                        str(second).ljust(2, ' ') + ')' + o2 +\
                        str(third).ljust(2, ' ') + ' = '
            #cell = table.rows[row].cells[col]
            cell = table.cell(row, col)
            cell.text = r

    document.save('kousuan.docx')
    os.startfile('kousuan.docx')

if __name__ == '__main__':
    app = tkinter.Tk()
    app.title('小学口算题生成器')
    app['width'] = 300
    app['height'] = 150
    labelNumber = tkinter.Label(app, text='Number:',
                                justify=tkinter.RIGHT,
                                width=50)
    labelNumber.place(x=10, y=40, width=50,height=20)
    comboNumber = tkinter.ttk.Combobox(app,
                                       values=(100,200,300,400,500),
                                       width=50)
    comboNumber.place(x=70, y=40, width=50, height=20)

    labelGrade = tkinter.Label(app,
                               text='Grade:',
```

```
                              justify=tkinter.RIGHT,
                              width=50)
labelGrade.place(x=130, y=40, width=50,height=20)
comboGrade=tkinter.ttk.Combobox(app,
                                    values=(1,2,3,4,5,6),
                                    width=50)
comboGrade.place(x=200, y=40, width=50, height=20)

def generate():
    number = int(comboNumber.get())
    grade = int(comboGrade.get())
    main(number, grade)
buttonGenerate = tkinter.Button(app,
                                   text='GO',
                                   width=40,
                                   command=generate)
buttonGenerate.place(x=130, y=90, width=40, height=30)

app.mainloop()
```

实验 39 chapter 39

tkinter 版猜数游戏设计与实现

适 用 专 业

适用于所有专业。

实 验 目 的

（1）理解 tkinter 标准库的用法。
（2）熟悉使用 tkinter 创建窗体和组件的方法。
（3）熟悉 tkinter 组件属性及其作用和设置方法。
（4）了解如何为 tkinter 组件绑定事件处理方法。
（5）熟悉使用 tkinter 各类对话框的使用。
（6）熟练掌握和运用 tkinter 变量。
（7）熟练使用标准库 random 中的函数。

实 验 内 容

使用 Python 标准库 tkinter 编写 GUI 版本的猜数游戏。每次猜数之前要启动游戏并设置猜数范围和最大猜测次数等参数，退出游戏时显示战绩（共玩几次，猜对几次）信息。

参 考 代 码

```
import random
import tkinter
from tkinter.messagebox import showerror, showinfo
from tkinter.simpledialog import askinteger
```

```
root = tkinter.Tk()
#窗口标题
root.title('猜数游戏——by董付国')
#窗口初始大小和位置
root.geometry('280x80+400+300')
#不允许改变窗口大小
root.resizable(False, False)

#用户猜的数
varNumber = tkinter.StringVar(root, value='0')

#允许猜的总次数
totalTimes = tkinter.IntVar(root, value=0)

#已猜次数
already = tkinter.IntVar(root, value=0)

#当前生成的随机数
currentNumber = tkinter.IntVar(root, value=0)

#玩家玩游戏的总次数
times = tkinter.IntVar(root, value=0)

#玩家猜对的总次数
right = tkinter.IntVar(root, value=0)

lb = tkinter.Label(root, text ='请输入一个整数:')
lb.place(x=10, y=10, width=100, height=20)

#用户猜数并输入的文本框
entryNumber = tkinter.Entry(root,
                            width = 140,
                            textvariable = varNumber)
entryNumber.place(x=110, y=10, width=140, height=20)

#默认禁用,只有开始游戏以后才允许输入
entryNumber['state'] = 'disabled'

#按钮单击事件处理函数
def buttonClick():
    if button['text'] == 'Start Game':
        #每次游戏时允许用户自定义数值范围
        #玩家必须输入正确的数
        #最小数值
```

```
while True:
    try:
        start = askinteger('允许的最小整数',
                           '最小数(必须大于 0)',
                           initialvalue=1)
        if start != None:
            assert start>0
            break
    except:
        pass

#最大数值
while True:
    try:
        end = askinteger('允许的最大整数',
                         '最大数(必须大于 10)',
                         initialvalue=11)
        if end != None:
            assert end>10 and end>start
            break
    except:
        pass

#在用户自定义的数值范围内生成要猜的随机数
currentNumber.set(random.randint(start, end))

#用户自定义一共允许猜几次
#玩家必须输入正确的整数
while True:
    try:
        t = askinteger('最多允许猜几次？',
                       '总次数(必须大于 0)',
                       initialvalue=3)
        if t != None:
            assert t>0
            totalTimes.set(t)
            break
    except:
        pass
#已猜次数初始化为 0
already.set(0)
button['text'] = '剩余次数:' + str(t)

#把文本框初始化为 0
```

```
        varNumber.set('0')

        #启用文本框,允许用户开始输入整数
        cntryNumber['state'] = 'normal'

        #玩游戏的次数加 1
        times.set(times.get()+1)
    else:
        #一共允许猜几次
        total = totalTimes.get()

        #本次游戏的正确答案
        current = currentNumber.get()

        #玩家本次猜的数
        try:
            x = int(varNumber.get())
        except:
            showerror('抱歉', '必须输入整数')
            return

        #猜对了
        if x == current:
            showinfo('恭喜', '猜对了')
            button['text'] = 'Start Game'

            #禁用文本框
            entryNumber['state'] = 'disabled'

            #猜对的次数加 1
            right.set(right.get()+1)
        else:
            #本次游戏已猜次数加 1
            already.set(already.get()+1)

            if x > current:
                showerror('抱歉', '猜的数太大了')
            else:
                showerror('抱歉', '猜的数太小了')

            #可猜次数用完了
            if already.get() == total:
                showerror('抱歉',
                          '游戏结束了,正确的数是:' +
```

```
                    str(currentNumber.get()))
                button['text'] = 'Start Game'
                #禁用文本框
                entryNumber['state'] = 'disabled'
            else:
                button['text'] = '剩余次数:'\
                                 +str(total-already.get())

#在窗口上创建按钮,并设置事件处理函数
button = tkinter.Button(root,
                        text = 'Start Game',
                        command = buttonClick)
button.place(x=10, y=40, width=250, height=20)

#关闭程序时提示战绩
def closeWindow():
    message = '共玩游戏 {0} 次,猜对 {1} 次!\n 欢迎下次再玩!'
    message = message.format(times.get(), right.get())
    showinfo('战绩', message)
    root.destroy()
root.protocol('WM_DELETE_WINDOW', closeWindow)

#启动消息主循环
root.mainloop()
```

实验 40 chapter 40

tkinter 电子时钟的设计与实现

适 用 专 业

适用于计算机、数字媒体技术等相关专业，其他专业选做。

实 验 目 的

(1) 熟练使用 tkinter 创建窗体并设置窗体属性。
(2) 熟练使用 tkinter 创建标签组件并设置属性。
(3) 了解多线程编程的基础知识。
(4) 熟悉为窗口组件绑定鼠标事件的方法。

实 验 内 容

编写程序，实现如图 40.1 所示的电子时钟。要求：①不显示标题栏，总是顶端显示，不被其他窗口覆盖；②实时显示日期和时间；③可以用鼠标左键按住拖动，在电子时钟上右击可以结束程序；④拖动时透明度变大，鼠标左键抬起时恢复半透明状态。

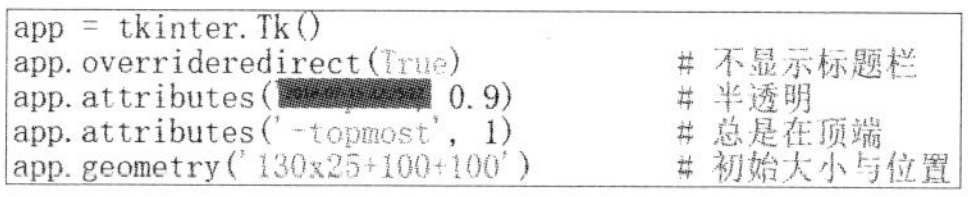

```
app = tkinter.Tk()
app.overrideredirect(True)                # 不显示标题栏
app.attributes([illegible] 0.9)           # 半透明
app.attributes('-topmost', 1)             # 总是在顶端
app.geometry('130x25+100+100')            # 初始大小与位置
```

图 40.1　电子时钟

参 考 代 码

```
import tkinter
import threading
import datetime
import time
```

```
app = tkinter.Tk()
app.overrideredirect(True)                  #不显示标题栏
app.attributes('-alpha', 0.9)               #半透明
app.attributes('-topmost', 1)               #总是在顶端
app.geometry('130x25+100+100')              #初始大小与位置

labelDateTime = tkinter.Label(app, width=130) #显示日期时间的标签
labelDateTime.pack(fill=tkinter.BOTH, expand=tkinter.YES)
labelDateTime.configure(bg = 'gray')

X = tkinter.IntVar(value=0)                 #记录鼠标左键按下的位置
Y = tkinter.IntVar(value=0)
canMove = tkinter.IntVar(value=0)           #窗口是否可拖动
still = tkinter.IntVar(value=1)             #是否仍在运行

def onLeftButtonDown(event):
    app.attributes('-alpha', 0.4)           #开始拖动时增加透明度
    X.set(event.x)                          #鼠标左键按下,记录当前位置
    Y.set(event.y)
    canMove.set(1)                          #标记窗口可拖动
labelDateTime.bind('<Button-1>', onLeftButtonDown)

def onLeftButtonUp(event):
    app.attributes('-alpha', 0.9)           #停止拖动时恢复透明度
    canMove.set(0)                          #鼠标左键抬起,标记窗口不可拖动
labelDateTime.bind('<ButtonRelease-1>', onLeftButtonUp)

def onLeftButtonMove(event):
    if canMove.get() == 0:
        return
    newX = app.winfo_x()+(event.x-X.get())
    newY = app.winfo_y()+(event.y-Y.get())
    g = '130x25+'+str(newX)+'+'+str(newY)
    app.geometry(g)                         #修改窗口的位置
labelDateTime.bind('<B1-Motion>', onLeftButtonMove)

def onRightButtonDown(event):
    still.set(0)
    t.join(0.2)
    app.destroy()                           #关闭窗口
labelDateTime.bind('<Button-3>', onRightButtonDown)

def nowDateTime():
```

```
    while still.get() == 1:
        s = str(datetime.datetime.now())[:19]
        labelDateTime['text'] = s        #显示当前时间
        time.sleep(0.2)
t = threading.Thread(target = nowDateTime)
t.daemon = True
t.start()

app.mainloop()
```

实验 41 chapter 41

tkinter 简易计算器的设计与实现

适 用 专 业

适用于所有专业。

实 验 目 的

(1) 熟悉 tkinter 创建窗口和组件的方法。
(2) 熟悉 tkinter 组件属性的设置方法。
(3) 熟练运用内置函数 eval()。
(4) 了解正则表达式的基本语法。
(5) 了解正则表达式模块 re 中的常用函数用法。
(6) 熟练运用 lambda 表达式,理解 lambda 表达式中形参变量的作用域。

实 验 内 容

编写程序,实现如图 41.1 所示的计算器,实现加、减、乘、除以及整除、幂运算和平方根计算。单击 Clear 按钮时清除文本框中的表达式,单击=按钮时计算文本框中表达式的值。要求进行必要的错误检查,例如,一个数字中不能包含多于一个的小数点,表达式中不能包含连续的运算符。

图 41.1 计算器

参考代码

```
import re
import tkinter
import tkinter.messagebox

root = tkinter.Tk()
#设置窗口大小和位置
root.geometry('300x270+400+100')
#不允许改变窗口大小
root.resizable(False, False)
#设置窗口标题
root.title('简易计算器——董付国')

#放置用来显示信息的文本框,并设置为只读
contentVar = tkinter.StringVar(root, '')
contentEntry = tkinter.Entry(root,
                             textvariable = contentVar)
contentEntry['state'] = 'readonly'
contentEntry.place(x=10, y=10, width=280, height=20)

#按钮通用代码
def buttonClick(btn):
    content = contentVar.get()
    #如果已有内容是以小数点开头的,前面加 0
    if content.startswith('.'):
        content = '0' + content

    #根据不同按钮做出相应的处理
    if btn in '0123456789':
        content += btn
    elif btn == '.':
        #使用运算符分隔表达式
        #最后一个运算数中最多只能有一个小数点
        lastPart = re.split(r'\+|-|\*|/]', content)[-1]
        if '.' in lastPart:
            tkinter.messagebox.showerror('错误',
                                         '小数点太多了')
            return
        else:
            content += btn
    elif btn == 'C':
```

```
        #清空文本框中的表达式
        content = ''
    elif btn == ' = ':
        try:
            #对输入的表达式求值
            content = str(eval(content))
        except:
            tkinter.messagebox.showerror('错误',
                                         '表达式错误')
            return
    elif btn in operators:
        if content.endswith(operators):
            tkinter.messagebox.showerror('错误',
                                         '不允许存在连续运算符')
            return
        content += btn
    elif btn == 'Sqrt':
        n = content.split('.')
        if all(map(lambda x: x.isdigit(), n)):
            content = str(eval(content) ** 0.5)
        else:
            tkinter.messagebox.showerror('错误', '表达式错误')
            return

    contentVar.set(content)


#放置清除按钮和等号按钮
btnClear = tkinter.Button(root,
                          text='Clear',
                          command=lambda:buttonClick('C'))
btnClear.place(x=40, y=40, width=80, height=20)
btnCompute = tkinter.Button(root,
                            text='=',
                            command=lambda:buttonClick('='))
btnCompute.place(x=170, y=40, width=80, height=20)

#放置 10 个数字、小数点和计算平方根的按钮
digits = list('0123456789.') + ['Sqrt']
index = 0
for row in range(4):
    for col in range(3):
        d = digits[index]
        f = lambda x=d: buttonClick(x)
```

```
        index += 1
        btnDigit = tkinter.Button(root,
                                  text=d,
                                  command=f)
        btnDigit.place(x=20+col*70,
                       y=80+row*50,
                       width=50,
                       height=20)

#放置运算符按钮
operators = ('+', '-', '*', '/', '**', '//')
for index, operator in enumerate(operators):
    f = lambda x=operator: buttonClick(x)
    btnOperator = tkinter.Button(root,
                                 text=operator,
                                 command=f)
    btnOperator.place(x=230, y=80+index*30,
                      width=50, height=20)

root.mainloop()
```

实验 42 chapter 42

tkinter 版倒计时按钮

适 用 专 业

适用于计算机、网络工程、软件工程等相关专业，其他专业选做。

实 验 目 的

（1）熟练使用 tkinter 编写 GUI 程序界面。
（2）理解多线程程序的编写原理与工作原理。
（3）熟悉 tkinter 组件的属性设置。

实 验 内 容

使用 tkinter 编写 GUI 程序，运行后使用文本框显示一段文本，同时显示倒计时 10s 的按钮。要求在倒计时结束之前禁用按钮，倒计时结束之后启用按钮。

参 考 代 码

```
import tkinter
import time
import threading

#创建应用程序窗口，设置标题和大小
root = tkinter.Tk()
root.title('倒计时按钮')
root['width'] = 400
root['height'] = 300

#创建 Text 组件，放置一些文字
```

```
richText = tkinter.Text(root, width=380)
richText.place(x=10, y=10, width=380, height=230)
richText.insert('0.0', '假设阅读这些文字需要 10s')

#创建倒计时按钮组件
btnTime = tkinter.Button(root, text='', width=200)
btnTime.place(x=80, y=250, width=200, height=30)

def stop():
    #禁用按钮,倒计时 10s 后取消禁用
    btnTime['state'] = 'disabled'
    for i in range(10, 0, -1):
        btnTime['text'] ='剩余时间' + str(i) + '秒'
        time.sleep(1)
    btnTime['state'] = 'normal'
    btnTime['text'] = '单击按钮继续后续工作'

#创建并启动线程
t = threading.Thread(target=stop)
t.start()

root.mainloop()
```

实验 43 chapter 43

tkinter 版桌面放大器设计与实现

适 用 专 业

适用于计算机、数字媒体技术等相关专业,其他专业选做。

实 验 目 的

(1) 理解桌面放大器程序的原理。
(2) 熟练安装 Python 扩展库 pillow。
(3) 理解 tkinter 程序对鼠标事件的处理。

实 验 内 容

使用标准库 tkinter 和扩展库 pillow 编写桌面放大器程序,运行之后,在桌面上移动鼠标,会对鼠标当前位置的内容进行放大显示。

参 考 代 码

```
import tkinter
from PIL import ImageGrab, ImageTk

#创建应用程序主窗口,铺满整个屏幕,并删除标题栏
root = tkinter.Tk()
screenWidth = root.winfo_screenwidth()
screenHeight = root.winfo_screenheight()
root.geometry(str(screenWidth) +'x' +str(screenHeight) +'+0+0')
root.overrideredirect(True)
#不允许改变窗口大小
root.resizable(False, False)
```

```
#创建画布,显示全屏截图,以便后面在全屏截图上进行区域截图并进行放大
canvas = tkinter.Canvas(root, bg='white',
                        width=screenWidth,
                        height=screenHeight)
image = ImageTk.PhotoImage(ImageGrab.grab())
canvas.create_image(screenWidth//2, screenHeight//2,
                    image=image)

#右键退出桌面放大器程序
def onMouseRightClick(event):
    root.destroy()
canvas.bind('<Button-3>', onMouseRightClick)

#截图窗口半径
radius = 20
def onMouseMove(event):
    global lastIm, subIm
    try:
        canvas.delete(lastIm)
    except:
        pass
    #获取鼠标位置
    x = event.x
    y = event.y
    #二次截图,放大 3 倍,在鼠标当前位置左上方显示
    subIm = ImageGrab.grab((x-radius, y-radius,
                            x+radius, y+radius))
    subIm = subIm.resize((radius*6, radius*6))
    subIm = ImageTk.PhotoImage(subIm)
    lastIm = canvas.create_image(x-70, y-70, image=subIm)
    #canvas.update()
#绑定鼠标移动事件处理函数
canvas.bind('<Motion>', onMouseMove)

#把画布对象 canvas 放置到窗体上
canvas.pack(fill=tkinter.BOTH, expand=tkinter.YES)

#启动消息主循环
root.mainloop()
```

实验44 chapter 44

使用TCP实现智能聊天机器人

适用专业

适用于计算机、网络工程、通信工程等相关专业，其他专业选做。

实验目的

(1) 熟悉标准库socket的用法。
(2) 熟悉TCP的工作原理。
(3) 理解端口号的概念与作用。
(4) 熟悉Socket编程。
(5) 熟练掌握字典的使用。
(6) 熟悉集合的常用运算。
(7) 了解os.path中commonprefix()函数的用法。
(8) 熟练掌握字符串的常用方法。

实验内容

编写聊天程序的服务端代码和客户端代码。完成后，先启动服务端代码，然后启动客户端程序输入问题，服务端可以返回相应的答案。要求服务端代码具有一定的智能，能够根据不完整的问题识别客户端真正要问的问题。

参考代码

(1) 服务端代码(chatServer.py)。

```
import socket
from os.path import commonprefix
```

```
words = {'how are you?':'Fine,thank you.',
         'how old are you?':'38',
         'what is your name?':'Dong FuGuo',
         'what's your name?':'Dong FuGuo',
         'where do you work?':'University',
         'bye':'Bye'}

HOST = ''
PORT = 50007
s = socket.socket(socket.AF_INET, socket.SOCK_STREAM)
#绑定 socket
s.bind((HOST, PORT))
#开始监听一个客户端连接
s.listen(1)
print('Listening on port:',PORT)

conn, addr = s.accept()
print('Connected by', addr)
#开始聊天
while True:
    data = conn.recv(1024).decode()
    if not data:
        break
    print('Received message:', data)
    #尽量猜测对方要表达的真正意思
    m = 0
    key = ''
    for k in words.keys():
        #删除多余的空白字符
        data = ' '.join(data.split())
        #与某个"键"非常接近,就直接返回
        if len(commonprefix([k, data])) > len(k)*0.7:
            key = k
            break
        #使用选择法,选择一个重合度较高的"键"
        length = len(set(data.split())&set(k.split()))
        if length > m:
            m = length
            key = k
    #选择合适的信息进行回复
    conn.sendall(words.get(key, 'Sorry.').encode())
conn.close()
s.close()
```

(2) 客户端代码(chatClient.py)。

```
import socket
import sys

#服务端主机的 IP 地址和端口号
HOST = '127.0.0.1'
PORT = 50007
s = socket.socket(socket.AF_INET, socket.SOCK_STREAM)
try:
    #连接服务器
    s.connect((HOST, PORT))
except Exception as e:
    print('Server not found or not open')
    sys.exit()

while True:
    c = input('Input the content you want to send:')
    #发送数据
    s.sendall(c.encode())
    #从服务端接收数据
    data = s.recv(1024)
    data = data.decode()
    print('Received:', data)
    if c.lower() == 'bye':
        break
#关闭连接
s.close()
```

实验 45 chapter 45

使用 TCP 模拟 FTP 服务端与客户端通信程序

适用专业

适用于计算机、网络工程、通信工程等相关专业，其他专业选做。

实验目的

(1) 熟悉 TCP/IP 协议簇。

(2) 熟悉 TCP 的工作原理。

(3) 熟悉 Socket 编程。

(4) 熟悉 Python 标准库 socket 的用法。

(5) 了解 FTP 的工作原理。

(6) 熟悉多进程编程模块 multiprocessing。

实验内容

编写程序，模拟 FTP 通信程序，实现登录、查看当前目录、查看当前目录中文件列表、切换目录、下载文件等功能。

把服务端代码保存为 ftpServer. py，然后运行。把客户端代码保存为 ftpClient. py，打开程序所在文件夹，按下 Shift 键和鼠标右键，选择菜单“在此处打开命令窗口”，切换至命令提示符窗口。然后执行客户端程序并传递服务端 IP 地址作为参数，例如 python ftpClient. py 127.0.0.1，然后执行 FTP 命令。客户端运行界面如图 45.1 所示。

```
命令提示符 - python ftpClient.py 127.0.0.1

F:\教学课件\Python程序设计（第二版）\第10章 网络程序设计\code>python ftpClient.py 127.0.0.1
请输入用户名：lisi
请输入密码：
##> cd
c:\
##> dir
$Recycle.Bin
Boot
bootmgr
BOOTNXT
devlist.txt
Documents and Settings
eSupport
Finish.log
hiberfil.sys
Intel
LBNetClass
pagefile.sys
PerfLogs
Program Files
Program Files (x86)
ProgramData
Python27
Python35
Python36
Python37
```

图 45.1　客户端运行界面

参考代码

(1) 服务端代码(ftpServer.py)。

```
import socket
import multiprocessing
import os
import struct

#用户账号、密码、主目录
#也可以把这些信息存放到数据库中
users = {'zhangsan':{'pwd':'zhangsan1234',
                     'home':r'c:\python 3.5'},
         'lisi':{'pwd':'lisi567',
                 'home':'c:\\'}}

def server(conn, addr, home):
    print('新客户端:'+str(addr))

    #进入当前用户主目录
    os.chdir(home)

    while True:
        data = conn.recv(100).decode().lower()
        #显示客户端输入的每一条命令
```

```
print(data)

#客户端退出
if data in ('quit', 'q'):
    break

#查看当前文件夹的文件列表
elif data in ('list', 'ls', 'dir'):
    files = str(os.listdir(os.getcwd()))
    files = files.encode()
    #先发送字节串长度,然后发送字节串
    conn.send(struct.pack('I', len(files)))
    conn.send(files)

#切换至上一级目录
elif ''.join(data.split()) == 'cd..':
    cwd = os.getcwd()
    newCwd = cwd[:cwd.rindex('\\')]
    #考虑根目录的情况
    if newCwd[-1] == ':':
        newCwd += '\\'
    #限定用户主目录
    if newCwd.lower().startswith(home):
        os.chdir(newCwd)
        conn.send(b'ok')
    else:
        conn.send(b'error')

#查看当前目录
elif data in ('cwd', 'cd'):
    conn.send(str(os.getcwd()).encode())

elif data.startswith('cd '):
    #指定最大分隔次数,考虑目标文件夹带有空格的情况
    #只允许使用相对路径进行跳转
    data = data.split(maxsplit=1)
    if len(data)==2 and os.path.isdir(data[1]) \
       and data[1] != os.path.abspath(data[1]):
        os.chdir(data[1])
        conn.send(b'ok')
    else:
        conn.send(b'error')

#下载文件
```

```
        elif data.startswith('get '):
            data = data.split(maxsplit=1)
            #检查文件是否存在
            if len(data) == 2 and os.path.isfile(data[1]):
                #确认文件存在
                conn.send(b'ok')
                #读取文件内容
                with open(data[1], 'rb') as fp:
                    content = fp.read()
                #先发送文件字节总数量,然后再发送数据
                conn.send(struct.pack('I', len(content)))
                conn.send(content)
            else:
                conn.send(b'no')
        #无效命令
        else:
            pass

    conn.close()
    print(str(addr)+'关闭连接')

#创建Socket,监听本地端口,等待客户端连接
sock = socket.socket(socket.AF_INET, socket.SOCK_STREAM)
sock.bind(('', 10800))
sock.listen(5)
print('Server started...')

while True:
    conn, addr = sock.accept()
    #验证客户端输入的用户名和密码是否正确
    userId, userPwd = conn.recv(1024).decode().split(',')
    if userId in users and users[userId]['pwd'] == userPwd:
        conn.send(b'ok')
        #为每个客户端连接创建并启动一个线程
        #参数为连接、客户端地址、客户主目录
        home = users[userId]['home']
        t = multiprocessing.Process(target=server,
                                    args=(conn,addr,home)).start()
    else:
        conn.send(b'error')
```

(2) 客户端代码(ftpClient.py)。

```
import socket
import sys
```

```
import re
import struct
import getpass

def main(serverIP):
    #创建Socket,连接服务器指定端口
    sock = socket.socket(socket.AF_INET, socket.SOCK_STREAM)
    sock.connect((serverIP, 10800))

    userId = input('请输入用户名:')
    #使用getpass模块的getpass()方法获取密码,不回显
    userPwd = getpass.getpass('请输入密码:')
    message = userId+','+userPwd
    #尝试登录
    sock.send(message.encode())
    login = sock.recv(100)
    #验证是否登录成功
    if login == b'error':
        print('用户名或密码错误')
        return

    #整数编码大小
    intSize = struct.calcsize('I')

    while True:
        #接收客户端命令,其中##>是提示符
        command = input('##>').lower().strip()
        #如果没有输入任何有效字符
        #提前进入下一次循环,等待用户继续输入
        if not command:
            continue

        #向服务端发送命令
        command = ' '.join(command.split())
        sock.send(command.encode())

        #退出
        if command in ('quit', 'q'):
            break

        #查看文件列表
        elif command in ('list', 'ls', 'dir'):
            loc_size = struct.unpack('I', sock.recv(intSize))[0]
            files = eval(sock.recv(loc_size).decode())
```

```
        for item in files:
            print(item)

    #切换至上一级目录
    elif ''.join(command.split()) == 'cd..':
        print(sock.recv(100).decode())

    #查看当前工作目录
    elif command in ('cwd', 'cd'):
        print(sock.recv(1024).decode())

    #切换至指定文件夹
    elif command.startswith('cd '):
        print(sock.recv(100).decode())

    #从服务器下载文件
    elif command.startswith('get '):
        isFileExist = sock.recv(2)
        #文件不存在
        if isFileExist != b'ok':
            print('error')

        #文件存在,开始下载
        else:
            print('downloading.', end = '')
            size = struct.unpack('I', sock.recv(intSize))[0]
            #接收文件数据
            data = b''
            while True:
                if size == 0:
                    break
                elif size > 4096:
                    temp = sock.recv(4096)
                    data += temp
                    size -= len(temp)
                else:
                    temp = sock.recv(size)
                    data += temp
                    size -= len(temp)
            #接收完成后写入本地文件
            with open(command.split()[1], 'wb') as fp:
                fp.write(data)
            print('ok')
```

```
        #无效命令
        else:
            print('无效命令')
    sock.close()

if __name__ == '__main__':
    if len(sys.argv) != 2:
        print('Usage:{0} serverIPAddress'.format(sys.argv[0]))
        exit()

    serverIP = sys.argv[1]
    if re.match(r'^\d{1,3}.\d{1,3}.\d{1,3}.\d{1,3}$ ', serverIP):
        main(serverIP)
    else:
        print('服务器地址不合法')
        exit()
```

代码优化

上面的代码调试成功之后，对客户端接收文件的代码进行优化，不需要等整个文件的内容都接收完成再写入文件，而是每接收一部分就直接写入文件。优化的代码如下，请自行替换。

```
#文件存在，开始下载，改进后下载速度大幅度提高
else:
    print('downloading.', end='')
    size = struct.unpack('I', sock.recv(intSize))[0]
    fn = command.split()[1]
    with open(fn, 'wb') as fp:
        while True:
            if size == 0:
                break
            temp = sock.recv(40960)
            size -= len(temp)
            fp.write(temp)
    print('ok')
```

实验 46 chapter 46

使用 UDP 实现服务器自动发现

适用专业

适用于计算机、网络工程、通信工程等相关专业，其他专业选做。

实验目的

（1）熟悉 TCP/IP 协议簇。
（2）熟悉 UDP 的工作原理。
（3）熟悉 Python 标准库 socket 中的常用函数。
（4）理解 IP 广播地址的原理和用法。
（5）了解 Python 标准库 time 中 sleep()函数的用法。

实验内容

编写程序，实现服务端的自动发现功能。服务端程序运行后，每隔 1s 向局域网内所有计算机发送信息 ServerIP，局域网内所有计算机收到该信息之后，获取并输出服务端 IP 地址。

本实验代码可以添加到其他网络程序中，客户端程序可以自动获取服务端所在计算机的 IP 地址，然后再连接服务器并实现其他网络通信功能。例如，机房管理软件或电子教室之类的软件都具有这个功能，客户端能够自动连接服务器。

参考代码

（1）服务端代码(udpServer.py)。

```
import socket
import time
import sys
```

```
import os

def sendServerIP():
    sock = socket.socket(socket.AF_INET, socket.SOCK_DGRAM)
    while True:
        #获取本机 IP
        IP = socket.gethostbyname(socket.gethostname())
        #255 表示广播地址
        IP = IP[:IP.rindex('.')]+'.255'
        #发送信息
        sock.sendto('ServerIP'.encode(), (IP, 5080))
        time.sleep(1)

print('Server started...')
sendServerIP()
```

(2) 客户端代码(udpClient.py)。

```
import socket
import time

def findServer():
    #创建 socket 对象
    sock = socket.socket(socket.AF_INET, socket.SOCK_DGRAM)
    #绑定 socket
    sock.bind(('', 5080))
    while True:
        #接收信息
        data, addr = sock.recvfrom(1024)
        #服务器广播信息
        if data.decode() == 'ServerIP':
            #查看服务器 IP
            print(addr[0])
        #休息 1s
        time.sleep(1)

findServer()
```

实验 47 chapter 47

使用多线程+Condition 对象模拟生产者/消费者问题

适用专业

适用于计算机、网络工程、软件工程等相关专业,其他专业选做。

实验目的

(1) 了解生产者/消费者问题。
(2) 熟练使用 Python 标准库 threading 创建线程。
(3) 熟练使用 Python 标准库 threading 中的 Condition 对象实现线程同步。
(4) 理解使用列表模拟缓冲区的方法。
(5) 理解缓冲区的重要性。

实验内容

编写程序,创建生产者线程和消费者线程以及大小为 5 的缓冲区。生产者每隔 1～3s 就生产一个数字并放入缓冲区,如果缓冲区已满则等待;消费者每隔 1～3s 从缓冲区里取出生产日期较早的数字进行消费,如果缓冲区已空就等待。

运行程序,观察并理解缓冲区内数字变化以及生产者线程和消费者线程之间的同步。

参考代码

```
import threading
from random import randint
from time import sleep
```

```
#自定义生产者线程类
class Producer(threading.Thread):
    def __init__(self, threadname):
        threading.Thread.__init__(self,name=threadname)

    def run(self):
        global x
        while True:
            sleep(randint(1,3))
            #获取锁
            con.acquire()
            #假设共享列表中最多能容纳 5 个元素
            if len(x) == 5:
                #如果共享列表已满,生产者等待
                print('Producer is waiting...')
                con.wait()
            else:
                #产生新元素,添加至共享列表
                r = randint(1, 1000)
                print('Produced:', r)
                x.append(r)
                #唤醒等待条件的线程
                con.notify()
            #释放锁
            con.release()

#自定义消费者线程类
class Consumer(threading.Thread):
    def __init__(self, threadname):
        threading.Thread.__init__(self, name=threadname)

    def run(self):
        global x
        while True:
            sleep(randint(1,3))
            #获取锁
            con.acquire()
            if not x:
                #空则等待
                print('Consumer is waiting...')
                con.wait()
            else:
                #消费生产时间较早的物品
```

```
            print('Consumed:', x.pop(0))
            con.notify()
        con.release()

#创建 Condition 对象以及生产者线程和消费者线程
con = threading.Condition()
x = []
p = Producer('Producer')
c = Consumer('Consumer')
p.start()
c.start()
```

实验 48 chapter 48

使用多线程快速复制目录树

适 用 专 业

适用于计算机、网络工程、软件工程等相关专业，其他专业选做。

实 验 目 的

(1) 熟悉标准库 os、shutil 的用法。
(2) 了解标准库 sys 中 argv 成员的含义和用法。
(3) 了解标准库 argparse 接收并解析命令行参数的用法。
(4) 理解函数嵌套定义的用法。
(5) 掌握标准库 threading 的用法。
(6) 理解多线程的概念和工作原理。

实 验 内 容

编写程序，使用多线程技术把源文件夹及其子文件夹中所有内容都复制到指定的目标文件夹中。要求该程序能够通过命令行参数来指定源文件夹和目标文件夹以及线程数量。

参 考 代 码

```
import os
import sys
import argparse
from queue import Queue
from threading import Thread
from shutil import copyfile
```

```
def copyFile(src, dst, num):
    '''使用 num 个线程复制 src 目录下的文件到 dst 目录中'''

    #源文件夹必须存在
    assert os.path.isdir(src),\
            src+' must be an existing directory.'
    #如果目标文件夹不存在,创建一个
    if not os.path.isdir(dst):
        os.makedirs(dst)

    #最多容纳 10 个元素的队列
    q = Queue(10)

    def add(src):
        #把源文件夹中所有项目添加到队列中
        fns = [src]
        while fns:
            current = fns.pop(o)
            for f in os.listdir(current):
                f = os.path.join(current, f)
                if os.path.isfile(f):
                    #往队列中放数据,满了会自动等待
                    q.put(f)
                elif os.path.isdir(f):
                    q.put(f)
                    #递归
                    fns.append(f)

        #用来通知工作线程再没有文件需要复制了
        for _ in range(num):
            q.put(None)

    #创建并启动往队列中存放元素的线程
    t_add = Thread(target = add, args = (src,))
    t_add.start()

    def copy(name):
        #工作线程函数
        while True:
            srcItem = q.get()
            if srcItem == None:
                print(name, 'quit...')
                break
```

```
            #替换字符串,生成目标路径
            dstItem = srcItem.replace(src, dst)
            print('{0}:{1}==>{2}'.format(name, srcItem, dstItem))

            #复制文件
            if os.path.isfile(srcItem):
                #根据需要创建目标文件夹
                dstDir = os.path.split(dstItem)[0]
                if not os.path.isdir(dstDir):
                    try:
                        os.makedirs(dstDir)
                    except FileExistsError as e:
                        pass
                copyfile(srcItem, dstItem)
            elif os.path.isdir(srcItem):
                #创建目标文件夹
                try:
                    os.makedirs(dstItem)
                except FileExistsError as e:
                    pass

    #创建指定数量的线程来复制文件
    for _ in range(num):
        t = Thread(target=copy, args=('Thread'+str(_),))
        t.start()

if __name__ == '__main__':
    #解析命令行参数
    parser = argparse.ArgumentParser(description = 'copy files from src to dst')
    parser.add_argument('-s', '--src')
    parser.add_argument('-d', '--dst')
    parser.add_argument('-n', '--num', default='5')
    args = parser.parse_args()

    if args.src!= None and args.dst!= None:
        copyFile(args.src, args.dst, int(args.num))
    else:
        print('Please use the following command to see how to use:')
        print('  '+sys.argv[0]+' -h')
```

进一步思考

尝试改写成多进程的版本,并验证是否能够提高整体速度。

实验 49 chapter 49

使用进程池统计指定范围内素数的个数

适用专业

适用于计算机、网络工程、软件工程等相关专业，其他专业选做。

实验目的

(1) 了解使用 Python 标准库 multiprocessing 编写多进程程序的方法。
(2) 理解进程的概念以及进程调度的工作原理。
(3) 理解进程池的概念及其工作原理。
(4) 理解并熟练使用 Python 标准库 time 中的方法测试代码运行时间。
(5) 根据需要熟练编写不同形式的素数判断函数。
(6) 了解多处理器和多核的概念。

实验内容

(1) 编写函数判断一个数字是否为素数，然后创建进程池使用进程池的 map()方法把该函数映射到指定范围内的数字，使用内置函数 sum()统计有多少素数。同时，使用内置函数 map()和 sum()完成同样任务，比较两种方法的速度。

```
from time import time
from multiprocessing import Pool

def isPrime(n):
    if n < 2:
        return 0
    if n in (2,3):
        return 1
    if not n&1:
        return 0
```

```
    for i in range(3, int(n**0.5)+1, 2):
        if n%i == 0:
            return 0
    return 1

if __name__ == '__main__':
    start = time()
    print(sum(map(isPrime, range(10000000))))
    print(time()-start)

    start = time()
    with Pool(3) as p:
        print(sum(p.map(isPrime, range(10000000))))
    print(time()-start)
```

(2) 调整进程池大小，即工作进程的数量，观察两种方法速度的变化。例如，上面的代码运行结果为

```
664579
60.04925322532654
664579
26.993717908859253
```

把进程池大小改为 5 之后，运行结果为

```
664579
61.76579570770264
664579
110.45850372314453
```

尝试分析出现这种情况的原因。

(3) 打开任务管理器，观察程序运行过程中对 CPU 资源占用的变化情况。图 49.1 和

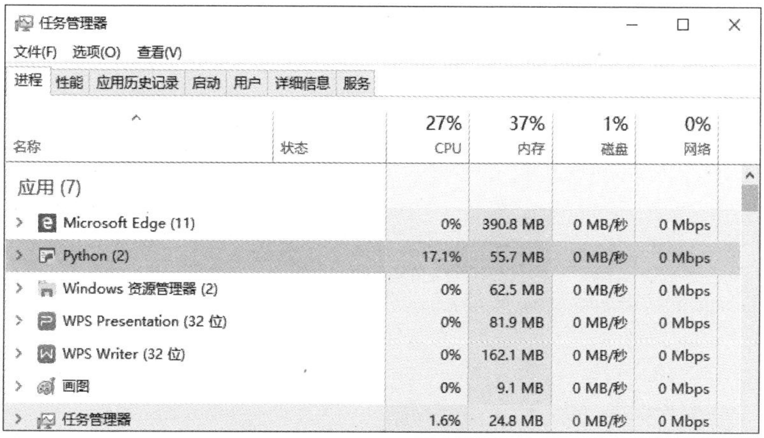

任务管理器 — □ ×

文件(F) 选项(O) 查看(V)

进程 性能 应用历史记录 启动 用户 详细信息 服务

名称	状态	27% CPU	37% 内存	1% 磁盘	0% 网络
应用 (7)					
Microsoft Edge (11)		0%	390.8 MB	0 MB/秒	0 Mbps
Python (2)		17.1%	55.7 MB	0 MB/秒	0 Mbps
Windows 资源管理器 (2)		0%	62.5 MB	0 MB/秒	0 Mbps
WPS Presentation (32 位)		0%	81.9 MB	0 MB/秒	0 Mbps
WPS Writer (32 位)		0%	162.1 MB	0 MB/秒	0 Mbps
画图		0%	9.1 MB	0 MB/秒	0 Mbps
任务管理器		1.6%	24.8 MB	0 MB/秒	0 Mbps

图 49.1　任务管理器的截图(一)

图 49.2 是代码运行 5s 和 80s 时任务管理器的截图，尝试分析出现这种情况的原因。

任务管理器

文件(F) 选项(O) 查看(V)

进程 性能 应用历史记录 启动 用户 详细信息 服务

名称	状态	60% CPU	39% 内存	0% 磁盘	0% 网络
应用 (7)					
Microsoft Edge (11)		0.1%	391.1 MB	0 MB/秒	0 Mbps
Python (5)		46.8%	323.8 MB	0 MB/秒	0 Mbps
Windows 资源管理器 (2)		0%	62.9 MB	0 MB/秒	0 Mbps
WPS Presentation (32 位)		0%	81.9 MB	0 MB/秒	0 Mbps
WPS Writer (32 位)		0%	164.2 MB	0 MB/秒	0 Mbps
画图		0%	41.2 MB	0 MB/秒	0 Mbps
任务管理器		1.4%	24.8 MB	0 MB/秒	0 Mbps

图 49.2 任务管理器的截图(二)

实验 50 chapter 50

多机器跨网络数据传输

适用专业

适用于计算机、网络工程、通信工程、软件工程等相关专业，其他专业选做。

实验目的

(1) 理解进程的概念和相关基本知识。
(2) 熟悉 Python 多进程编程模块 multiprocessing 的基本用法。
(3) 熟悉 Python 标准库 queue 中队列类 Queue 的用法。
(4) 了解 Python 标准库 multiprocessing. managers 中各种 Manager 对象的用法。

实验内容

(1) 编写服务器程序，运行后创建一个共享的队列。

(2) 编写一个客户端程序，运行后连接指定的服务器并往服务器共享的队列中写入 3 个数据。

(3) 编写一个客户端程序，运行后连接指定的服务器，读取并输出第一个客户端程序往服务器共享的队列中写入的 3 个数据。

参考代码

(1) 服务器代码(server. py)。

```
from multiprocessing.managers import BaseManager
from queue import Queue

q = Queue()
class QueueManager(BaseManager):
```

```
    pass
QueueManager.register('get_queue', callable=lambda:q)

m = QueueManager(address=('', 30030), authkey=b'dongfuguo')
s = m.get_server()
s.serve_forever()
```

(2) 客户端1代码(client1.py)。

```
from multiprocessing.managers import BaseManager

class QueueManager(BaseManager):
    pass
QueueManager.register('get_queue')

#假设服务器的IP地址为10.2.1.2
m = QueueManager(address=('10.2.1.2', 30030),
                 authkey=b'dongfuguo')
m.connect()
q = m.get_queue()
for i in range(3):
    q.put(i)
```

(3) 客户端2代码(client2.py)。

```
from multiprocessing.managers import BaseManager

class QueueManager(BaseManager):
    pass
QueueManager.register('get_queue')

m = QueueManager(address=('10.2.1.2', 30030),
                 authkey=b'dongfuguo')
m.connect()
q = m.get_queue()
for i in range(3):
    print(q.get())
```

实验 51 chapter 51

邮件群发程序设计与实现

适用专业

适用于网络工程、计算机、通信工程、数据科学等相关专业，其他专业选做。

实验目的

(1) 了解电子邮件有关协议的工作原理。
(2) 了解所用邮件服务器的工作流程。
(3) 熟悉字符串编码与解码格式。

实验内容

编写程序，实现电子邮件群发功能，并且邮件能够带有图片和附件文件。

参考代码

```
import email
from email.mime.multipart import MIMEMultipart
from email.mime.text import MIMEText
from email.mime.image import MIMEImage
from email.mime.base import MIMEBase
from email.mime.application import MIMEApplication
import smtplib

sender = '自己的电子邮件地址'
username = '自己的用户名'
userpwd = '自己的电子邮箱密码'
```

```
#这里以 126 邮箱为例,可以根据需要进行修改
host = 'smtp.126.com'
port = 25

body = '''这里是邮件正文信息'''

#要群发的电子邮件地址
recipients = ('第一个收件人电子邮件地址',
              '第二个收件人电子邮件地址',
              '第三个收件人电子邮件地址')

#登录邮箱服务器
server = smtplib.SMTP(host, port)
server.starttls()
server.login(username, userpwd)

#开始群发
for recipient in recipients:
    #创建邮件
    msg = MIMEMultipart()
    msg.set_charset('utf-8')
    #回复地址与发信地址可以不同
    #但是大部分邮件系统在回复时会提示
    msg['Reply-to'] = '你的另外一个电子邮件地址'
    #设置发信人、收信人和主题
    msg.add_header('From', sender)
    msg.add_header('To', recipient)
    msg.add_header('Subject', '这是一个测试')
    #设置邮件文字内容
    msg.attach(MIMEText(body, 'plain', _charset = "utf-8"))

    #添加图片
    with open('测试图片.jpg', 'rb') as fp:
        msg.attach(MIMEImage(fp.read()))

    #添加附件文件
    attachment = MIMEBase('text', 'txt')
    with open('测试附件.txt', 'rb') as fp:
        attachment.set_payload(fp.read())
    email.encoders.encode_base64(attachment)
    attachment.add_header('content-disposition',
                          'attachment',
                          filename = ('utf-8','',
                                      '测试附件.txt'))
```

```
    msg.attach(attachment)

    #发送邮件
    server.send_message(msg)

#退出登录
server.quit()
```

实验 52

网络流量监视程序设计与实现

适用专业

适用于计算机、网络工程、通信工程、软件工程等相关专业，其他专业选做。

实验目的

(1) 了解计算机网络的相关基础知识。
(2) 了解网络流量的计算方法。
(3) 熟练安装 Python 扩展库 psutil。
(4) 了解 Python 扩展库 psutil 中网络相关函数的用法。
(5) 熟练使用内置函数 map()。
(6) 熟练使用 lambda 表达式作为函数参数的用法。
(7) 熟练使用字符串格式化方法。

实验内容

编写程序，实现网络流量监控，实时显示当前上行速度和下行速度，如图 52.1 所示。

```
↑0.000000 kbytes/s     ↓0.585938 Kbytes/s
↑0.000000 kbytes/s     ↓0.117188 Kbytes/s
↑0.000000 kbytes/s     ↓0.000000 Kbytes/s
↑0.000000 kbytes/s     ↓0.117188 Kbytes/s
↑0.000000 kbytes/s     ↓0.000000 Kbytes/s
↑0.000000 kbytes/s     ↓0.234375 Kbytes/s
↑0.000000 kbytes/s     ↓0.000000 Kbytes/s
↑0.000000 kbytes/s     ↓0.117188 Kbytes/s
↑0.000000 kbytes/s     ↓0.000000 Kbytes/s
↑0.000000 kbytes/s     ↓0.117188 Kbytes/s
↑0.000000 kbytes/s     ↓0.468750 Kbytes/s
↑0.000000 kbytes/s     ↓0.117188 Kbytes/s
↑0.000000 kbytes/s     ↓0.000000 Kbytes/s
↑0.000000 kbytes/s     ↓0.000000 Kbytes/s
↑0.128906 kbytes/s     ↓0.000000 Kbytes/s
↑6.699219 kbytes/s     ↓0.871094 Kbytes/s
```

图 52.1　网络流量监控

参考代码

```
import time
import psutil

def main():
    #初始流量情况
    traffic_io = psutil.net_io_counters()[:2]
    while True:
        #0.5s之后再次获取流量情况
        time.sleep(0.5)
        traffic_ioNew = psutil.net_io_counters()[:2]
        diff = (traffic_ioNew[0]-traffic_io[0],
                traffic_ioNew[1]-traffic_io[1])
        #记录新的流量情况,以便下次比较和计算
        traffic_io = traffic_ioNew
        #乘2是因为0.5s查看一次,除以1024是为了把单位变成KB
        diff = tuple(map(lambda x: x*2/1024, diff))
        message = '↑{0[0]:#f} KBytes/s\t↓{0[1]:#f} KBytes/s'
        message = message.format(diff)
        print(message)

main()
```

实验 53 chapter 53

爬取中国工程院院士信息

适 用 专 业

适用于计算机、网络工程、数据科学等相关专业，其他专业选做。

实 验 目 的

(1) 熟练使用标准库 urllib 读取网页内容。

(2) 熟练使用正则表达式提取文本中感兴趣的信息。

(3) 熟练使用内置函数 open()创建文本文件和二进制文件。

(4) 熟悉 HTML 语法以及常见的 HTML 标签。

实 验 内 容

爬取中国工程院网页上，把每位院士的简介保存为本地文本文件，把每位院士的照片保存为本地图片，文本文件和图片文件都以院士的姓名为主文件名。

实 验 步 骤

(1) 使用 Google Chrome 或其他浏览器打开下面的网址，然后在页面上右击，在弹出的菜单中选择"查看网页源代码"。

http://www.cae.cn/cae/html/main/col48/column_48_1.html

(2) 分析网页源代码，确定每位院士的姓名和链接所在的 HTML 标签，为后面编写正则表达式做准备，如图 53.1 所示。

(3) 使用浏览器打开任意一位院士的链接，然后查看并分析网页源代码，确定简介信息和照片所在的 HTML 标签，为后面编写正则表达式做准备，如图 53.2 所示。

(4) 编写代码，爬取信息并创建本地文件。

```
843
844    <li class="name_list"><a href="/cae/html/main/colys/03148832.html" target="_blank">人</a></li>
845
846    <li class="name_list"><a href="/cae/html/main/colys/40737958.html" target="_blank">熊</a></li>
847
848    <li class="name_list"><a href="/cae/html/main/colys/65934655.html" target="_blank">亮</a></li>
849
850    <li class="name_list"><a href="/cae/html/main/colys/50811146.html" target="_blank">惠</a></li>
851
852    <li class="name_list"><a href="/cae/html/main/colys/93147390.html" target="_blank">元</a></li>
853
854    <li class="name_list"><a href="/cae/html/main/colys/59547288.html" target="_blank">熊</a></li>
855
856    <li class="name_list"><a href="/cae/html/main/colys/46745566.html" target="_blank"></a></li>
857
858    <li class="name_list"><a href="/cae/html/main/colys/93378245.html" target="_blank">兴</a></li>
859
860    <li class="name_list"><a href="/cae/html/main/colys/37509876.html" target="_blank">仪</a></li>
861
862    <li class="name_list"><a href="/cae/html/main/colys/43617362.html" target="_blank">本</a></li>
863
864    <li class="name_list"><a href="/cae/html/main/colys/65316987.html" target="_blank">蓉</a></li>
865
866    <li class="name_list"><a href="/cae/html/main/colys/87543016.html" target="_blank">全</a></li>
867
868    <li class="name_list"><a href="/cae/html/main/colys/90703829.html" target="_blank">贵</a></li>
869
870    <li class="name_list"><a href="/cae/html/main/colys/90565044.html" target="_blank">镇</a></li>
871
872    <li class="name_list"><a href="/cae/html/main/colys/00712070.html" target="_blank">恒(女)</a></li>
873
874    <li class="name_list"><a href="/cae/html/main/colys/46419136.html" target="_blank">康</a></li>
875
```

图 53.1 每位院士的链接

```
145            <div class="right_name_big clearfix">
146                    <div class="info_img">
147                    <a href="http://ysg.ckcest.cn/html/details/393/index.html"
target="_blank">
148                    <img src="/cae/admin/upload/img/jinguofan.jpg"
style="width:150px;height:210px;"/>
149                    </a>
150                    <div class="cms_ysg_title"><a
href="http://ysg.ckcest.cn/html/details/393/index.html" target="_blank">金国藩院士百科
</a></div>
151                    </div>
152                    <div class="intro">
153                              <p>    ，1929年1月7日出生
于沈阳，男，汉族，浙江绍兴人。光学工程教授，中共党员。1950年毕业于北京大学工学院，1952年
院系调整转入清华大学，工作迄今。后在德国爱尔兰根大学，英国赫瑞奥特大学做访问教授。曾任清
华大学精密仪器系系主任，清华大学机械工程学院院长，国家自然科学基金委员会副主任，仪器仪表
学会与光学工程学会名誉理事长。</p><p> </p><p>    长期从事光学工
程与光学信息处理研究工作。曾主持研制出我国第一台三坐标光栅测量机，获1978年全国科技大会
奖。获国家技术发明奖二等奖两个，教育部一、二、三等奖各一个，中国工程科技奖一个，清华大学
突出贡献奖一个。著有《计算机制全息图》，《二元光学》，《激光测量学》等。</p><p> 
</p><p>    1994年当选为中国工程院院士。</p>
154                    </div>
155            </div>
```

图 53.2 院士个人简介和照片

```
import re
import os
import os.path
import time
from urllib.request import urlopen

#创建用来存放爬取结果文件的文件夹
```

```
dstDir = 'YuanShi'
if not os.path.isdir(dstDir):
    os.mkdir(dstDir)

#爬取起始页面
startUrl = r'http://www.cae.cn/cae/html/main/col48/column_48_1.html'
#读取网页内容
with urlopen(startUrl) as fp:
    content = fp.read().decode()

#提取并遍历每位院士的链接
pattern = r'<li class = "name_list"><a href = "(.+)"'\
          +' target = "_blank">(.+)</a></li>'
result = re.findall(pattern, content)

#爬取每位院士的简介和照片
for item in result:
    perUrl, name = item
    print('正在爬取{}…'.format(perUrl))
    name = os.path.join(dstDir, name)
    perUrl = r'http://www.cae.cn/' + perUrl
    with urlopen(perUrl) as fp:
        content = fp.read().decode()
    #抓取照片并保存为本地图片文件
    pattern = r'<img src = "/cae/admin/upload/(.+)" style = '
    result = re.findall(pattern, content, re.I)
    if result:
        picUrl = r'http://www.cae.cn/cae/admin/upload/{0}'
        picUrl = picUrl.format(result[0].replace(' ', r'%20'))
        with open(name+'.jpg', 'wb') as pic:
            pic.write(urlopen(picUrl).read())
    #抓取简介并写入本地文本文件
    pattern = r'<p>(.+?)</p>'
    result = re.findall(pattern, content)
    if result:
        intro = re.sub('(<a.+</a>)|( )|( )',
                       '',
                       '\n'.join(result))
        with open(name+'.txt', 'w', encoding='utf8') as fp:
            fp.write(intro)
```

实验 54 chapter 54

使用 scrapy 框架爬取山东各城市天气预报

适用专业

适用于数据科学、网络工程、计算机、软件工程等相关专业，其他专业选做。

实验目的

（1）熟练安装 Python 扩展库 scrapy。
（2）熟悉 HTML 语法和常见标签的用法。
（3）理解网页源代码结构，能够根据实际情况对代码进行适当调整。
（4）理解 scrapy 框架的工作原理。

实验内容

安装 Python 扩展库 scrapy，然后编写爬虫项目，从网站 http://www.weather.com.cn/shandong/index.shtml 爬取山东各城市的天气预报数据，并把爬取到的天气数据写入本地文本文件 weather.txt。

实验步骤

（1）在命令提示符环境使用 pip install scrapy 命令安装 Python 扩展库 scrapy。

（2）在命令提示符环境使用 scrapy startproject sdWeatherSpider 创建爬虫项目。

（3）进入爬虫项目文件夹，然后执行命令 scrapy genspider everyCityinSD. py www.weather.com.cn 创建爬虫程序。

（4）使用浏览器打开网址 http://www.weather.com.cn/shandong/index.shtml，找到下面位置，如图 54.1 所示。

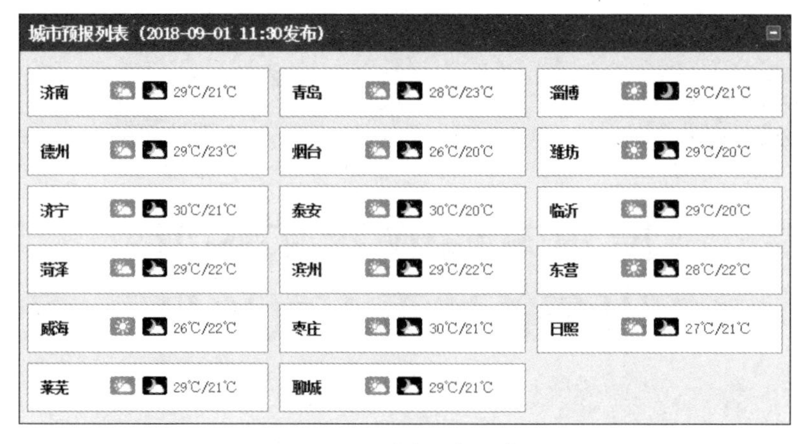

图 54.1　城市预报列表

(5) 在页面上右击，选择“查看网页源代码”，然后找到与“城市预报列表”对应的位置，如图 54.2 所示。

```
418 <a title="济南天气预报" href="http://www.weather.com.cn/weather/101120101.shtml" target="_blank">济南</a>
419 </dt>
420 <dd>
421 <a href="http://www.weather.com.cn/static/html/legend.shtml" target="_blank"><img alt="" src="/m2/i/icon_weather/21x15/d01.gif" /><img alt=""
    src="/m2/i/icon_weather/21x15/n01.gif" /></a>
422 <a><span>29℃</span></a>/<a><b>21℃</b></a>
423 </dd>
424 </dl>
425 <dl>
426 <dt>
427 <a title="青岛天气预报" href="http://www.weather.com.cn/weather/101120201.shtml" target="_blank">青岛</a>
428 </dt>
429 <dd>
430 <a href="http://www.weather.com.cn/static/html/legend.shtml" target="_blank"><img alt="" src="/m2/i/icon_weather/21x15/d01.gif" /><img alt=""
    src="/m2/i/icon_weather/21x15/n01.gif" /></a>
431 <a><span>28℃</span></a>/<a><b>23℃</b></a>
432 </dd>
433 </dl>
434 <dl>
435 <dt>
436 <a title="淄博天气预报" href="http://www.weather.com.cn/weather/101120301.shtml" target="_blank">淄博</a>
437 </dt>
438 <dd>
439 <a href="http://www.weather.com.cn/static/html/legend.shtml" target="_blank"><img alt="" src="/m2/i/icon_weather/21x15/d00.gif" /><img alt=""
    src="/m2/i/icon_weather/21x15/n00.gif" /></a>
440 <a><span>29℃</span></a>/<a><b>21℃</b></a>
441 </dd>
442 </dl>
443 <dl>
444 <dt>
445 <a title="德州天气预报" href="http://www.weather.com.cn/weather/101120401.shtml" target="_blank">德州</a>
446 </dt>
447 <dd>
448 <a href="http://www.weather.com.cn/static/html/legend.shtml" target="_blank"><img alt="" src="/m2/i/icon_weather/21x15/d01.gif" /><img alt=""
    src="/m2/i/icon_weather/21x15/n01.gif" /></a>
```

图 54.2　网页源代码(一)

(6) 选择并打开山东省内任意城市的天气预报页面，此处以济南为例。

(7) 在页面上右击，选择“查看网页源代码”，找到与图 54.3 中天气预报相对应的位置，如图 54.4 所示。

(8) 修改 items.py 文件，定义要爬取的内容。

```
import scrapy


class SdweatherspiderItem(scrapy.Item):
    #define the fields for your item here like:
```

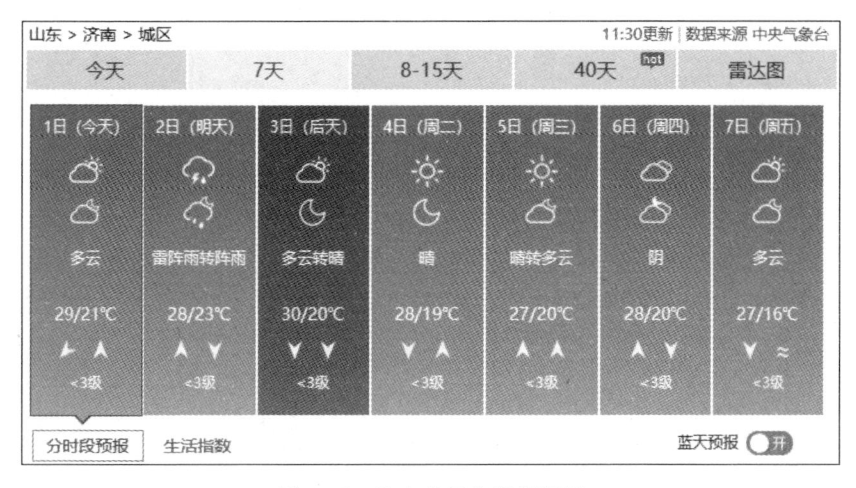

图 54.3 济南的天气预报页面

```
268 <ul class="t clearfix">
269 <li class="sky skyid lv2 on">
270 <h1>1日（今天）</h1>
271 <big class="png40 d01"></big>
272 <big class="png40 n01"></big>
273 <p title="多云" class="wea">多云</p>
274 <p class="tem">
275 <span>29</span>/<i>21℃</i>
276 </p>
277 <p class="win">
278 <em>
279 <span title="东北风" class="NE"></span>
280 <span title="南风" class="S"></span>
281 </em>
282 <i><3级</i>
283 </p>
284 <div class="slid"></div>
285 </li>
286 <li class="sky skyid lv3">
287 <h1>2日（明天）</h1>
288 <big class="png40 d04"></big>
289 <big class="png40 n03"></big>
290 <p title="雷阵雨转阵雨" class="wea">雷阵雨转阵雨</p>
291 <p class="tem">
292 <span>28</span>/<i>23℃</i>
293 </p>
294 <p class="win">
295 <em>
296 <span title="南风" class="S"></span>
297 <span title="北风" class="N"></span>
298 </em>
299 <i><3级</i>
300 </p>
301 <div class="slid"></div>
302 </li>
```

图 54.4 网页源代码（二）

```
#name = scrapy.Field()
city = scrapy.Field()
weather = scrapy.Field()
```

（9）修改爬虫文件 everyCityinSD.py，定义如何爬取内容，其中用到的规则参考前面对页面的分析，如果无法正常运行，有可能是网页结构有变化，可以回到前面的步骤重新分析网页源代码。

```
from re import findall
from urllib.request import urlopen
import scrapy
from sdWeatherSpider.items import SdweatherspiderItem

class EverycityinsdSpider(scrapy.Spider):
    name = 'everyCityinSD'
    allowed_domains = ['www.weather.com.cn']
    start_urls = []
    #遍历各城市,获取要爬取的页面 URL
    url = r'http://www.weather.com.cn/shandong/index.shtml'
    with urlopen(url) as fp:
        contents = fp.read().decode()
    pattern = '<a title=".*?" href="(.+?)" target="_blank">(.+?)</a>'
    for url in findall(pattern, contents):
        start_urls.append(url[0])

    def parse(self, response):
        #处理每个城市的天气预报页面数据
        item = SdweatherspiderItem()
        city = response.xpath('//div[@class="crumbs fl"]//a[2]//text()').
extract()[0]
        item['city'] = city

        #每个页面只有一个城市的天气数据,直接取[0]
        selector = response.xpath('//ul[@class = "t clearfix"]')[0]

        for li in selector.xpath('./li'):
            date = li.xpath('./h1//text()').extract()[0]
            cloud = li.xpath('./p[@title]//text()').extract()[0]
            high = li.xpath('./p[@class = "tem"]//span//text()').extract()
            high = high[0] if high else 'none'
            low = li.xpath('./p[@class = "tem"]//i//text()').extract()[0]
            wind = li.xpath('./p[@class="win"]//em//span[1]/@title').extract()[0]
            wind = wind + li.xpath('./p[@class="win"]//i//text()').extract()[0]

            weather = date+':'+cloud+','+high+r'/'+low+','+wind+'\n'
        item['weather'] = weather
        return [item]
```

(10) 修改 pipelines.py 文件,把爬取到的数据写入文件 weather.txt。

```
class SdweatherspiderPipeline(object):
```

```
    def process_item(self, item, spider):
        with open('weather.txt', 'a', encoding='utf8') as fp:
            fp.write(item['city']+'\n')
            fp.write(item['weather']+'\n\n')
        return item
```

(11) 修改settings.py文件,分派任务,指定处理数据的程序。

```
BOT_NAME = 'sdWeatherSpider'

SPIDER_MODULES = ['sdWeatherSpider.spiders']
NEWSPIDER_MODULE = 'sdWeatherSpider.spiders'

ITEM_PIPELINES = {
    'sdWeatherSpider.pipelines.SdweatherspiderPipeline':1,
    }
```

(12) 切换到命令提示符环境,执行scrapy crawl everyCityinSD命令运行爬虫程序。

实验 55 chapter 55

使用 selenium 模拟 Edge 浏览器爬取指定城市的当前天气情况

适用专业

适用于计算机、网络工程、软件工程、数据科学等相关专业，其他专业选做。

实验目的

（1）熟练安装扩展库 selenium。
（2）熟练下载并配置相应的浏览器驱动程序。
（3）了解 HTML 语法以及常见标签用法。
（4）理解使用 selenium 模拟浏览器并读取网页内容的用法。

实验内容

使用网站 https://openweathermap.org 查询指定城市的当前天气情况。

实验步骤

（1）使用浏览器打开网站 https://openweathermap.org，输入 yantai 作为城市名，如图 55.1 所示。

（2）查看网页源代码，找到如图 55.2 所示的位置。

（3）通过上面的分析可知，该网站的网页源代码中并不直接包含查询结果，而是通过 JavaScript 代码动态获取 JSON 格式的数据再生成 HTML 代码，无法通过普通方式获取指定城市的天气数据。

（4）安装 Python 扩展库 selenium，如图 55.4 所示。

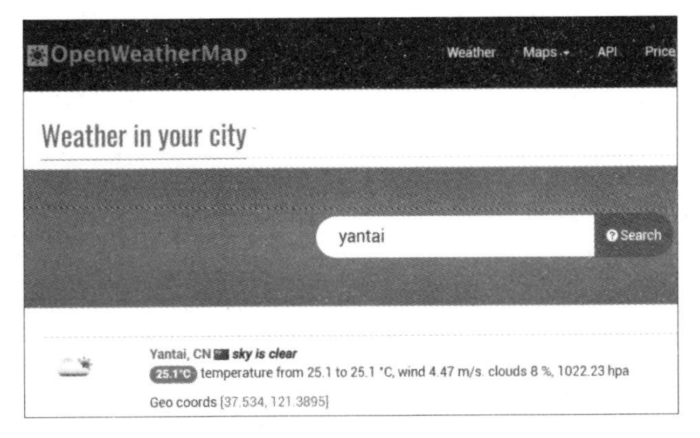

图 55.1 打开网页

```
155 <div class="color-jumbotron jumbotron-green">
156         <div class="container">
157           <div class="row">
158             <div class="col-sm-12">
159               <form class="form-inline text-center first-child"
160                     onsubmit="FindCity(); return false"
161                     role="form" id="searchform" action="#" method="get">
162                 <div class="form-group">
163                   <label class="sr-only" for="help-search">Search</label>
164 
165                   <input   class="form-control border-color col-sm-12"
166                     id="search_str" name="q" value="yantai"
167                     onfocus="this.value = (this.value=='London, UK')? '' : this.value;">
168 
169                 </div>
170                 <button type="submit" class="btn btn-color"><i class="fa fa-question-circle"></i> Search</button>
171               </form>
172             </div>
173           </div> <!-- / .row -->
174         </div> <!-- / .container -->
175 </div> <!-- / .color-jumbotron -->
```

图 55.2 网页源代码(一)

(5) 打开网址 https://developer.microsoft.com/en-us/microsoft-edge/tools/webdriver/,下载最新版本的驱动程序,并将其可执行程序文件放在 Python 安装目录中。

(6) 编写程序,使用 Python 扩展库 selenium 模拟 Edge 浏览器查询指定城市的当前天气情况。

```
import re
from selenium import webdriver

driver = webdriver.Edge()
city = input('请输入要查询的城市:').lower()
driver.get(r'http://openweathermap.org/find?q={0}'.format(city))
content = driver.page_source.lower()
driver.quit()
matchResult = re.search(r'<a href="(.+?)">\s+'+city+'.+?]', content)
if matchResult:
    print(matchResult.group(0))
else:
    print('查不到,请检查城市名字。')
```

```
223 function getSearchData(JSONobject) {
224   //console.log( JSONobject  );
225   //JSONobject = ParseJson(JSONtext);
226
227   var city = JSONobject.list;
228   if( city.length == 0 ) {
229     ShowAlertMess( 'Not found' );
230     return;
231   }
232
233   var html = '';
234
235   for(var i = 0; i <  JSONobject.list.length; i ++){
236
237
238     var name = JSONobject.list[i].name +', '+JSONobject.list[i].sys.country;
239
240     var temp = Math.round(10*(JSONobject.list[i].main.temp -273.15))/10 ;
241     var tmin = Math.round(10*(JSONobject.list[i].main.temp_min -273.15)) / 10;
242     var tmax = Math.round(10*(JSONobject.list[i].main.temp_max -273.15)) / 10 ;
243
244     var text = JSONobject.list[i].weather[0].description;
245     var img =  "http://openweathermap.org/img/w/" +JSONobject.list[i].weather[0].icon + ".png";
246     var flag = "http://openweathermap.org/images/flags/" +JSONobject.list[i].sys.country.toLowerCase()  + ".png";
247     var gust = JSONobject.list[i].wind.speed;
248     var pressure = JSONobject.list[i].main.pressure ;
249     var cloud=JSONobject.list[i].clouds.all ;
250
251
252     var row = '<tr><td><img src="' + img + '"></td><td><b><a href="/city/' + JSONobject.list[i].id + '">' + name +
    </span> temperature from  + tmin +  to  + tmax +  °C, wind  + gust+ ' m/s. clouds ' + cloud + ' %, ' + pressur
    JSONobject.list[i].coord.lon + '">[' + JSONobject.list[i].coord.lat + ', ' + JSONobject.list[i].coord.lon + ']</a></
253
254
255    /* var column = `<td><img src="${img}"></td><td><b><a href="/city/${JSONobject.list[i].id}"> ${name}</a></b> <img
    ${tmin} to ${tmax}° C, wind ${gust} m/s. clouds ${cloud}%, ${pressure} hpa</p><p>Geo coords <a href="/weathermap?zo
    ${JSONobject.list[i].coord.lon}]</a></p></td>`;
256     var row = `<tr>${column}</tr>`;
257     */
258
259     html = html + row;
260
261   }
262
```

图 55.3　网页源代码(二)

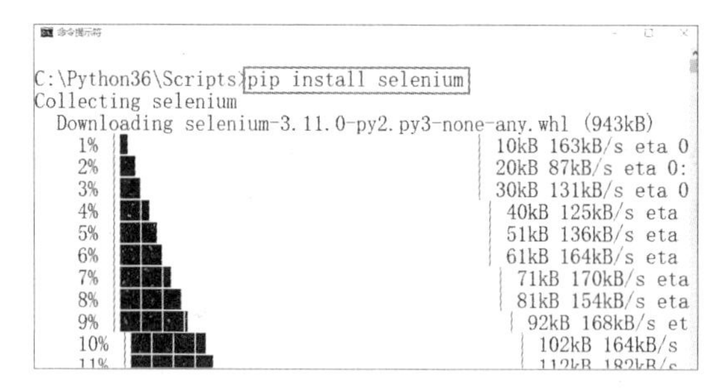

图 55.4　安装 selenium

(7) 切换至命令提示符环境,运行程序,如图 55.5 所示。

```
C:\Python36>python getWeather.py
请输入要查询的城市: yantai
<a href="/city/1787093"> yantai, cn</a></b> <img src="http://
openweathermap.org/images/flags/cn.png" /><b><i> sky is clear
</i></b><p><span class="badge badge-info">7.7° c </span> tem
perature from 7.7 to 7.7 ° c, wind 8.36 m/s. clouds 0 %, 102
5.35 hpa</p><p>geo coords <a href="/weathermap?zoom=12&amp;la
t=37.534&amp;lon=121.3895">[37.534, 121.3895]

C:\Python36>
```

图 55.5　运行程序

实验 56 chapter 56

爬取百度指定关键字搜索结果前 10 页信息

适用专业

适用于数据科学、网络工程、计算机、软件工程等相关专业，其他专业选做。

实验目的

(1) 了解 HTML 语法和常用标签用法。
(2) 熟悉网页源代码的查看方法。
(3) 熟练安装 Python 扩展库。
(4) 了解网页模拟输入的原理。
(5) 了解网页模拟打开的原理。
(6) 了解 Python 扩展库 mechanicalsoup 和 selenium 的基本用法。
(7) 熟悉文本文件的操作。

实验内容

编写程序，爬取百度使用关键字"Python 小屋"搜索结果的前 10 页中与预期内容密切相关的信息。

实验步骤

(1) 安装扩展库 requests、beautifulsoup4、mcchanicalsoup、selenium。

(2) 打开网址 http://phantomjs.org/download.html，下载 PhantomJS(见图 56.1)，本文以 Windows 平台为例。下载压缩文件，把解压缩得到的 phantomjs.exe 复制到 Python 3.6 或其他版本的安装目录下，也就是解释器主程序 python.exe 所在的文件夹。

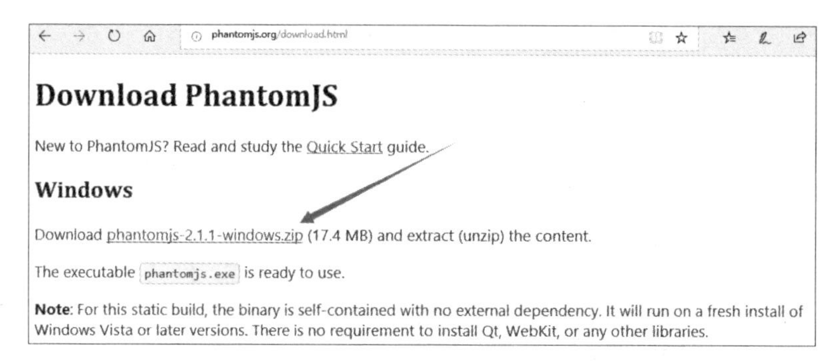

图 56.1 下载页面

(3) 分析百度网页源代码,确定用来接收搜索关键字的表单和输入框,如图 56.2 所示。

```
1423
1424 <script>if(window.bds&&bds.util&&bds.util.setContainerWidth){bds.util.setContainerWidth();}</script><div id="head"><div
class="head_wrapper"><div class="s_form"><div class="s_form_wrapper"><style>.index-logo-srcnew {display: none;}@media (-webkit-
min-device-pixel-ratio: 2),(min--moz-device-pixel-ratio: 2),(-o-min-device-pixel-ratio: 2),(min-device-pixel-ratio: 2){.index-
logo-src {display: none;}.index-logo-srcnew {display: inline;}}</style><div id="lg"><img hidefocus="true"
src="//www.baidu.com/img/bd_logo1.png" width="270" height="129"></div><a href="/" id="result_logo" onmousedown="return
c({'fm':'tab','tab':'logo'})"><img class='index-logo-src' src="//www.baidu.com/img/baidu_jgylogo3.gif" alt="到百度首页" title="到
百度首页"><img class='index-logo-srcnew' src="//www.baidu.com/img/baidu_jgylogo3.gif" alt="到百度首页" title="到百度首页"></a>
<form id="form" name="f" action="/s" class="fm"><input type="hidden" name="ie" value="utf-8"><input type="hidden" name="f"
value="8"><input type="hidden" name="rsv_bp" value="1"><input type=hidden name=ch value="7"><input type=hidden name=tn
value="78040160_34_pg"><input type=hidden name=bar value=""><span class="bg s_ipt_wr"><input id="kw" name="wd" class="s_ipt"
value="python小屋" maxlength="255" autocomplete="off"></span><span class="bg s_btn_wr"><input type="submit" id="su" value="百度一
下" class="bg s_btn"></span><span class="tools"><span id="mHolder"><div id="mCon"><span>输入法</span></div><ul id="mMenu"><li><a
href="javascript:;" name="ime_hw">手写</a></li><li><a href="javascript:;" name="ime_py">拼音</a></li><li class="ln"></li><li><a
href="javascript:;" name="ime_cl">关闭</a></li></ul></span></span><input type="hidden" name="oq" value="python小屋"><input
type="hidden" name="rsv_pq" value="dd96054f0008cce7"><input type="hidden" name="rsv_t"
value="bbf4U9tWmZ16vnXfziIciS4UpwFSzWVttxbb0eJoLh/7ZzmtjmH3Mf33iZc/AVRFOoAcaco"><input type="hidden" name="rqlang" value="cn">
</form><div id="m"></div></div></div><div id="u"><a class="toindex" href="/">百度首页</a><a href="javascript:;"
name="tj_settingicon" class="pf">设置<i class="c-icon c-icon-triangle-down"></i></a><a href="https://passport.baidu.com/v2/?
login&tpl=mn&u=http%3A%2F%2Fwww.baidu.com%2F&sms=5" name="tj_login" class="lb" onclick="return false;">登录</a></div><div
id="u1"><a href="http://news.baidu.com" name="tj_trnews" class="mnav">新闻</a><a href="https://www.hao123.com" name="tj_trhao123"
class="mnav">hao123</a><a href="http://map.baidu.com" name="tj_trmap" class="mnav">地图</a><a href="http://v.baidu.com"
name="tj_trvideo" class="mnav">视频</a><a href="http://tieba.baidu.com" name="tj_trtieba" class="mnav">贴吧</a><a
href="http://xueshu.baidu.com" name="tj_trxueshu" class="mnav">学术</a><a href="https://passport.baidu.com/v2/?
login&tpl=mn&u=http%3A%2F%2Fwww.baidu.com%2F&sms=5" name="tj_login" class="lb" onclick="return false;">登录</a><a
href="http://www.baidu.com/gaoji/preferences.html" name="tj_settingicon" class="pf">设置</a><a href="http://www.baidu.com/more/"
name="tj_briicon" class="bri" style="display: block;">更多产品</a></div></div></div>
1425
```

图 56.2 百度网页源代码

(4) 打开微信公众号“Python 小屋”,在公众号菜单“历史文章分类速查表”中找到已发文章列表,复制该列表并保存到本地文本文件中。

(5) 编写下面爬虫程序。

```
import mechanicalsoup
from selenium import webdriver

br = webdriver.PhantomJS()

#微信公众号“Python 小屋”文章清单
with open('Python 小屋文章清单.txt', encoding='utf8') as fp:
    articles = fp.readlines()
articles = tuple(map(str.strip, articles))
```

```
#模拟打开指定网址,模拟输入并提交输入的关键字
browser = mechanicalsoup.StatefulBrowser()
browser.open(r'http://www.baidu.com')
browser.select_form('#form')
browser['wd'] = 'Python小屋'
browser.submit_selected()

#获取百度前10页
top10Urls = []
for link in browser.get_current_page().select('a'):
    if link.text in tuple(map(str, range(2, 11))):
        top10Urls.append(r'http://www.baidu.com'+link.attrs['href'])

#与微信公众号里的文章标题进行比对,如果非常相似就返回True
def check(text):
    for article in articles:
        #这里使用切片,是因为有的网站在转发公众号文章里标题不完整
        #例如把"使用Python+pillow绘制矩阵盖尔圆"的前两个字给漏掉了
        if article[2:-2].lower() in text.lower():
            return True
    return False

#只输出密切相关的链接
def getLinks():
    for link in browser.get_current_page().select('a'):
        text = link.text
        if 'Python小屋' in text or '董付国' in text or check(text):
            br.get(link.attrs['href'])
            print(link.text, '-->', br.current_url)

#输出第一页
getLinks()
#处理后面的9页
for url in top10Urls:
    browser.open(url)
    getLinks()
br.quit()
```

实验 57 chapter 57

图像噪点添加与空域融合

适用专业

适用于数字媒体、计算机等相关专业，其他专业选做。

实验目的

(1) 理解噪点的概念与随机噪点的添加方法。
(2) 了解图像空域融合的原理。
(3) 熟练安装 Python 扩展库 pillow。
(4) 了解 pillow 中 Image 模块操作图像的方法。
(5) 熟练运用列表推导式和生成器推导式。
(6) 熟练运用 Python 标准库 random 中的常用函数。

实验内容

准备一张 24 位位图图像文件，将其改名为 test. bmp。然后编写程序，根据 test. bmp 生成多个图像文件，每个图像文件在 test. bmp 图像的基础上随机添加一些噪点。然后再根据前面生成的多个图像文件得到一个新图像，新图像中每个像素的值为多个图像对应位置上像素值的平均值。

因为每个图像中的噪点位置是随机的，通过平均值计算，可以将噪点平滑化使其接近正常像素值，从而可以改善视觉效果，但同时也会增加“噪点”数量，在一定程度上又会影响视觉效果。

参考代码

```
from random import randint
```

```
from PIL import Image

#根据原始 24 位 BMP 图像文件
#生成指定数量含有随机噪点的临时图像
def addNoise(fileName, num):
    #这里假设原始图像为 BMP 文件
    if not fileName.endswith('.bmp'):
        print('Must be bmp image')
        return

    #生成 num 个含有随机噪点的图像文件
    for i in range(num):
        #打开原始图像
        im = Image.open(fileName)
        #获取图像尺寸
        width, height = im.size

        #添加噪点,每个结果图像中含有的噪点数量可能会不一样
        n = randint(1, 20)
        for j in range(n):
            #随机位置
            w = randint(0, width-1)
            h = randint(0, height-1)
            #修改随机位置的像素值
            im.putpixel((w,h), (0,0,0))
        #保存结果图像
        im.save(fileName[:-4]+'_'+str(i+1)+'.bmp')

#根据多个含有随机噪点的图像
#对应位置像素计算平均值,生成结果图像
def mergeOne(fileName, num):
    if not fileName.endswith('.bmp'):
        print('Must be bmp image')
        return

    #打开上面的函数生成的所有含有噪点的图像
    ims = [Image.open(fileName[:-4]+'_'+str(i+1)+'.bmp')
           for i in range(num)]
    #创建新图像
    im = Image.new('RGB', ims[0].size, (255,255,255))
    width, height = im.size
    for w in range(width):
        for h in range(height):
            #计算所有临时图像中对应位置上像素值的平均值
```

```
            #(r1,g1,b1),(r2,g2,b2),(r3,g3,b3)…
            colors = (tempIm.getpixel((w,h)) for tempIm in ims)
            #(r1,r2,r3,r4…),(g1,g2,g3,g4…),(b1,b2,b3,b4…)
            colors = zip(*colors)
            r, g, b = map(lambda item:sum(item)//len(item), colors)
            #写入结果图像中对应位置
            im.putpixel((w,h), (r,g,b))
    #保存最终结果图像
    im.save(fileName[:-4]+'_result.bmp')

#对比合并后的图像和原始图像之间的相似度
def compare(fileName):
    im1 = Image.open(fileName)
    im2 = Image.open(fileName[:-4]+'_result.bmp')
    width, height = im1.size
    #图像中的像素总数量
    total = width * height
    #两个图像中对应位置像素值相似的次数
    right = 0
    #判断是否相似的阈值
    expectedRatio = 0.05

    for w in range(width):
        for h in range(height):
            #获取两个图像同一位置上的像素值
            c1 = im1.getpixel((w,h))
            c2 = im2.getpixel((w,h))
            #判断两个像素值各分量之差的绝对值是否小于阈值
            similar = (abs(i-j)<255*expectedRatio
                        for i,j in zip(c1,c2))
            #如果每个分量都小于阈值,相似像素个数加1
            if all(similar):
                right += 1

    return (total, right)

if __name__ == '__main__':
    #生成4个临时图像,然后进行融合
    #最后对比融合后的图像与原始图像的相似度
    addNoise('test.bmp', 4)
    mergeOne('test.bmp', 4)
    result = compare('test.bmp')
    print('Total:{0[0]},right:{0[1]}'.format(result))
```

实验 58 chapter 58

图像批量添加数字水印

适用专业

适用于计算机、数字媒体技术、软件工程等相关专业，其他专业选做。

实验目的

(1) 理解空域添加数字水印的原理。
(2) 熟练安装 Python 扩展库 pillow。
(3) 熟悉 Python 扩展库 pillow 操作图像的方法。
(4) 熟练运用字典对象。

实验内容

首先准备一个图像文件，然后把该文件中的图像内容作为数字水印批量添加到当前文件夹中所有图像文件中，要求水印在目标图像文件中的位置随机选择为左上角、右下角或图像中间，并且水印图像的背景在目标图像中设置为透明。

参考代码

```
from random import randint
from os import listdir
from PIL import Image

#打开并读取其中的水印像素，即不是白色背景的像素
#读到内存中，放到字典中以供快速访问
im = Image.open('watermark.png')
width, height = im.size
pixels = dict()
```

```
for w in range(width):
    for h in range(height):
        c = im.getpixel((w,h))[:3]
        if c != (255, 255, 255):
            pixels[(w, h)] = c

def addWaterMark(srcDir):
    #获取目标文件夹中所有图像文件列表
    picFiles = [srcDir+'\\'+fn for fn in listdir(srcDir)
                if fn.endswith(('.bmp', '.jpg', '.png'))]
    #遍历所有文件,为每个图像添加水印
    for fn in picFiles:
        im1 = Image.open(fn)
        w, h = im1.size
        #如果图片尺寸小于水印图片,不加水印
        if w<width or h<height:
            continue
        #在原始图像左上角、中间或右下角添加数字水印
        #具体位置根据 position 进行随机选择
        p = {0:(0,0),                             #左上角
            1:((w-width)//2, (h-height)//2),   #中间位置
            2:(w-width, h-height)}              #右下角
        #随机生成一个位置
        position = randint(0,2)
        left, top = p[position]
        #修改像素值,添加水印
        for p, c in pixels.items():
            try:
                #目标图像是彩色的
                im1.putpixel((p[0]+left, p[1]+top), c)
            except:
                #目标图像是灰度的
                im1.putpixel((p[0]+left, p[1]+top),
                             sum(c)//len(c))
        #保存加入水印之后的新图像文件
        im1.save(fn[:-4] + '_new' + fn[-4:])

#为当前文件夹中的图像文件添加水印
addWaterMark('.')
```

实验 59

chapter 59

生成棋盘纹理图片

适 用 专 业

适用于计算机、数字媒体等相关专业，其他专业选做。

实 验 目 的

(1) 熟悉 Python 扩展库 pillow 的安装方法。
(2) 熟悉 Python 扩展库 pillow 的简单使用。
(3) 理解图像像素的概念与使用 pillow 模块设置像素值的方法。
(4) 理解棋盘网格纹理的生成原理。

实 验 内 容

编写程序，绘制棋盘网格，要求棋盘的宽度和高度、交替的两种颜色以及网格数量都可以通过参数指定，并且两种颜色交替出现，水平方向和垂直方向上的网格数量相同。效果图如图 59.1 所示。

图 59.1　效果图

参考代码

```
from PIL import Image
import math

def qipan(width, height, color1, color2, interval):
    im = Image.new('RGB',(width,height))
    hInterval = height/interval
    wInterval = width/interval
    for h in range(height):
        for w in range(width):
            if (int(h/hInterval)+int(w/wInterval)) %2 == 1:
                im.putpixel((w,h), color1)
            else:
                im.putpixel((w,h), color2)
    im.show()

qipan(500, 500, (50,50,50), (240,240,240), 4)
```

实验 60

chapter 60

把多个图片拼接为长图

适 用 专 业

适用于计算机、数字媒体技术等相关专业，其他专业选做。

实 验 目 的

(1) 熟练安装 Python 扩展库 pillow。
(2) 了解 pillow 库中 Image 模块的用法。
(3) 了解拼接多个图片成为长图的方法。
(4) 了解常见图像文件的格式。

实 验 内 容

准备多个模式和尺寸都一样的图片，编写程序将这些图片拼接为长图。

参 考 代 码

```
from os import listdir
from PIL import Image

#获取当前文件夹中所有 PNG 图像
ims = [Image.open(fn) for fn in listdir() if fn.endswith('.png')]

#单幅图像尺寸
width, height = ims[0].size
#创建空白长图
result = Image.new(ims[0].mode, (width, height * len(ims)))
```

```
#拼接
for i, im in enumerate(ims):
    result.paste(im, box=(0,i * height))

#保存
result.save('result.png')
```

实验 61 chapter 61

把 GIF 动图拆分为多个静态图片

适 用 专 业

适用于计算机、数字媒体技术等相关专业,其他专业选做。

实 验 目 的

(1) 熟练安装 Python 扩展库 pillow。
(2) 了解 pillow 库中 Image 模块的用法。
(3) 了解 GIF 动图结构和原理。

实 验 内 容

准备一个 GIF 动图,编写程序,使用扩展库 pillow 将其拆分为多个静态图片。

参 考 代 码

```
from PIL import Image
import os

def splitFIG(gifFileName):
    #打开 GIF 动态图像时,默认是第一帧
    im = Image.open(gifFileName)
    pngDir = gifFileName[:-4]
    if not os.path.exists(pngDir):
        #创建存放每帧图片的文件夹
        os.mkdir(pngDir)

    try:
```

```
        while True:
            #保存当前帧图片
            current = im.tell()
            im.save(pngDir+'\\'+str(current)+'.png')
            #定位下一帧图片
            im.seek(current+1)
    except EOFError:
        #捕捉文件尾异常,结束程序
        pass
```

实验 62

验证码图片生成器的原理与实现

适用专业

适用于计算机、数字媒体技术等相关专业，其他专业选做。

实验目的

(1) 熟练安装 Python 扩展库 pillow。
(2) 了解 pillow 库中 Image、ImageDraw、ImageFont 等模块的用法。
(3) 了解验证码图片的作用。
(4) 了解验证码图片的生成原理。

实验内容

验证码图片一般是先生成随机字符串，然后添加随机直线、曲线或点进行干扰，必须由用户肉眼辨认，避免自动发帖机之类的机器人程序批量发布非正常信息。

编写程序，生成随机内容的验证码图片。

参考代码

```
from random import choice, randint, randrange
import string
from PIL import Image, ImageDraw, ImageFont

#验证码图片中的候选字符集
characters = string.ascii_letters+string.digits

def selectedCharacters(length):
    '''返回 length 个随机字符的字符串'''
```

```
    result = ''.join(choice(characters) for _ in range(length))
    return result

def getColor():
    '''get a random color'''
    r = randint(0,255)
    g = randint(0,255)
    b = randint(0,255)
    return (r,g,b)

def main(size=(200,100),
         characterNumber=6,
         bgcolor=(255,255,255)):
    #创建空白图像和绘图对象
    imageTemp = Image.new('RGB', size, bgcolor)
    draw = ImageDraw.Draw(imageTemp)

    #生成并计算随机字符串的宽度和高度
    text = selectedCharacters(characterNumber)
    font = ImageFont.truetype('c:\\windows\\fonts\\TIMESBD.TTF', 48)
    width, height = draw.textsize(text, font)
    if width+2*characterNumber>size[0] or height>size[1]:
        print('尺寸不合法')
        return

    #绘制随机字符串中的字符
    startX = 0
    widthEachCharater = width//characterNumber
    for i in range(characterNumber):
        startX += widthEachCharater + 1
        #每个字符在图片中的 y 坐标随机计算
        position = (startX,
                    (size[1]-height)//2+randint(-10,10))
        draw.text(xy = position, text=text[i],
                  font=font, fill=getColor())

    #对像素位置进行微调,实现扭曲的效果
    imageFinal = Image.new('RGB', size, bgcolor)
    pixelsFinal = imageFinal.load()
    pixelsTemp = imageTemp.load()
    for y in range(size[1]):
        offset = randint(-1,0)
        for x in range(size[0]):
            newx = x+offset
```

```
            if newx >= size[0]:
                newx = size[0] -1
            elif newx < 0:
                newx = 0
            pixelsFinal[newx,y] = pixelsTemp[x,y]

    #绘制随机颜色随机位置的干扰像素
    draw = ImageDraw.Draw(imageFinal)
    for i in range(int(size[0] * size[1] * 0.07)):
        draw.point((randrange(size[0]), randrange(size[1])),
                   fill=getColor())

    #绘制8条随机干扰直线
    for i in range(8):
        start = (0, randrange(size[1]))
        end = (size[0], randrange(size[1]))
        draw.line([start, end], fill=getColor(), width=1)

    #绘制8条随机弧线
    for i in range(8):
        start = (-50, -50)
        end = (size[0]+10, randint(0, size[1]+10))
        draw.arc(start+end, 0, 360, fill=getColor())

    #保存并显示图片
    imageFinal.save("result.jpg")
    imageFinal.show()

if __name__ == "__main__":
    main((200,100), 6, (255,255,255))
```

实验 63 chapter 63

图像滤波器设计与实现

适用专业

适用于计算机、自动化、数字媒体技术等相关专业，其他专业选做。

实验目的

(1) 熟练安装 Python 扩展库 pillow。
(2) 了解图像滤波原理。
(3) 了解扩展库 pillow 中 Image 模块的用法。
(4) 了解扩展库 pillow 中 ImageEnhance 和 ImageFilter 模块的用法。

实验内容

使用 Python 扩展库 pillow 中的 ImageEnhance 和 ImageFilter 模块对图像进行滤波，实现细节增强、边缘增强、边缘提取、中值滤波、亮度增强、对比度增强、图像锐化、图像模糊、冷暖色调整等功能。

参考代码

```
from PIL import Image, ImageEnhance, ImageFilter

#打开 Lena 灰度图像
im = Image.open('lena.jpg')

#图像细节增强
im.filter(ImageFilter.DETAIL).show()

#图像边缘增强
```

```
im.filter(ImageFilter.EDGE_ENHANCE).show()

#图像边缘提取
im.filter(ImageFilter.FIND_EDGES).show()

#图像中值滤波,滤波窗口大小默认为3
im.filter(ImageFilter.MedianFilter).show()
#图像中值滤波,指定滤波窗口大小
im.filter(ImageFilter.MedianFilter(5)).show()

#图像锐化
im.filter(ImageFilter.SHARPEN).show()

#图像平滑
im.filter(ImageFilter.SMOOTH_MORE).show()

#图像模糊,使用默认参数
im.filter(ImageFilter.BLUR).show()
#图像模糊,使用自定义参数
myBlur = ImageFilter.BLUR()
myBlur.filterargs = ((3,3), 8, 0, (1,) * 9)
im.filter(myBlur).show()

#图像亮度增强
ImageEnhance.Brightness(im).enhance(1.5).show()

#图像对比度增强
ImageEnhance.Contrast(im).enhance(1.3).show()

#图像冷暖色调整
im1 = Image.open('彩色测试图像.jpg')
r, g, b = im1.split()
r = r.point(lambda x:x * 0.5)
Image.merge(im1.mode, (r,g,b)).show()
```

实验 64 chapter 64

光照模型原理与 OpenGL 实现

适 用 专 业

适用于计算机、数字媒体技术等相关专业，其他专业选做。

实 验 目 的

(1) 熟悉 OpenGL 的安装与配置。
(2) 熟悉 Python 扩展库 pyopengl 的安装与使用。
(3) 了解 OpenGL 的工作原理。
(4) 了解双缓冲机制的工作原理与 OpenGL 实现。
(5) 了解透视投影的变换原理与 OpenGL 实现。
(6) 了解反走样算法的原理与 OpenGL 实现。
(7) 熟悉使用 OpenGL 绘制直线和球体的方法。
(8) 了解光照模型的工作原理和 OpenGL 实现。
(9) 了解灯光属性与材质属性的设置方法。
(10) 了解顶点法向量的作用。

实 验 内 容

编写程序，使用 OpenGL 绘制一个直线段和一个球体。要求启用光照模型，为直线段的两个端点设置不同的颜色和法向量实现颜色渐变，为球体设置材质属性，实现高光效果，如图 64.1 所示。

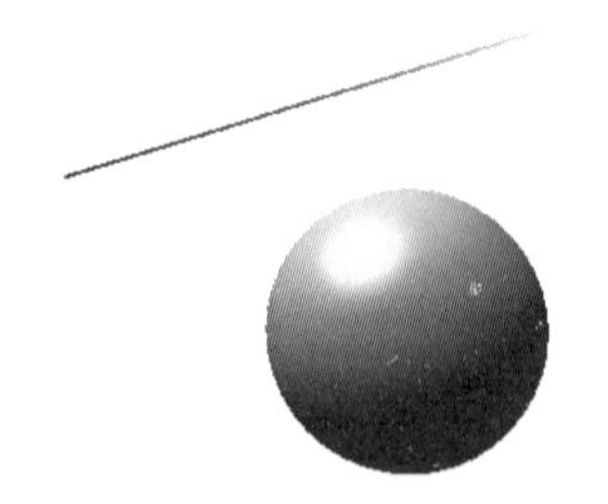

图 64.1　效果图

参考代码

```
import sys
from OpenGL.GL import *
from OpenGL.GLU import *
from OpenGL.GLUT import *

class MyPyOpenGLTest:
    #重写构造函数,创建窗口,简单设置
    #指定显示模式以及用于绘图的函数
    def __init__(self, width=640, height=480,
                 title=b'Normal_Light'):
        glutInit(sys.argv)
        #彩色显示,双缓冲,深度测试
        glutInitDisplayMode(GLUT_RGBA | GLUT_DOUBLE | GLUT_DEPTH)
        glutInitWindowSize(width, height)
        self.window = glutCreateWindow(title)
        #指定绘图函数
        glutDisplayFunc(self.Draw)
        glutIdleFunc(self.Draw)
        self.InitGL(width, height)

    #根据特定的需要,进一步完成 OpenGL 的初始化
    def InitGL(self, width, height):
        #初始化窗口背景为白色
        glClearColor(1.0, 1.0, 1.0, 0.0)
        glClearDepth(1.0)
        glDepthFunc(GL_LESS)
        #设置灯光与材质属性
        mat_sp = (1.0, 1.0, 1.0, 1.0)
        mat_sh = [50.0]
        light_position = (-0.5, 1.5, 1, 0)
        yellow_l = (1, 1, 0, 1)
        ambient = (0.1, 0.8, 0.2, 1.0)
        glMaterialfv(GL_FRONT, GL_SPECULAR, mat_sp)
        glMaterialfv(GL_FRONT, GL_SHININESS, mat_sh)
        glLightfv(GL_LIGHT0, GL_POSITION, light_position)
        glLightfv(GL_LIGHT0, GL_DIFFUSE, yellow_l)
        glLightfv(GL_LIGHT0, GL_SPECULAR, yellow_l)
        glLightModelfv(GL_LIGHT_MODEL_AMBIENT, ambient)
        #启用光照模型
        glEnable(GL_LIGHTING)
```

```
    glEnable(GL_LIGHT0)
    #使用光滑渲染方式
    glEnable(GL_BLEND)
    glShadeModel(GL_SMOOTH)
    glEnable(GL_POINT_SMOOTH)
    glEnable(GL_LINE_SMOOTH)
    glEnable(GL_POLYGON_SMOOTH)
    #启用反走样
    glHint(GL_POINT_SMOOTH_HINT, GL_NICEST)
    glHint(GL_LINE_SMOOTH_HINT, GL_NICEST)
    glHint(GL_POLYGON_SMOOTH_HINT, GL_FASTEST)
    #透视投影变换
    glLoadIdentity()
    glMatrixMode(GL_PROJECTION)
    glEnable(GL_DEPTH_TEST)
    gluPerspective(45.0,
                   float(width)/float(height),
                   0.1, 100.0)
    glMatrixMode(GL_MODELVIEW)

#绘图函数
def Draw(self):
    glClear(GL_COLOR_BUFFER_BIT | GL_DEPTH_BUFFER_BIT)
    glLoadIdentity()
    #平移
    glTranslatef(-1.5, 2.0, -8.0)
    #绘制三维线段
    glBegin(GL_LINES)
    #设置顶点颜色
    glColor3f(1.0, 0.0, 0.0)
    #设置顶点法向量
    glNormal3f(1.0, 1.0, 1.0)
    #绘制顶点
    glVertex3f(1.0, 1.0, -1.0)
    glColor3f(0.0, 1.0, 0.0)
    glNormal3f(-1.0, -1.0, -1.0)
    glVertex3f(-1.0, -1.0, 3.0)
    glEnd()

    #设置颜色,平移位置,绘制球
    glColor3f(0.8, 0.3, 1.0)
    glTranslatef(0, -1.5, 0)
    #第一个参数是球的半径,后面两个参数是分段数
    glutSolidSphere(1.0, 40, 40)
```

```
        #使用双缓冲机制,显示图形
        glutSwapBuffers()

    #消息主循环
    def MainLoop(self):
        glutMainLoop()

if __name__ == '__main__':
    #实例化窗口对象,运行程序,启动消息主循环
    w = MyPyOpenGLTest()
    w.MainLoop()
```

实验 65 chapter 65

制作多纹理映射的旋转立方体

适用专业

适用于计算机、数字媒体等相关专业，其他专业选做。

实验目的

(1) 了解 OpenGL 的安装与配置方法。
(2) 熟悉 Python 扩展库 pyopengl 的安装方法。
(3) 了解 OpenGL 的工作原理。
(4) 了解类的定义与使用。
(5) 了解纹理映射的有关知识。
(6) 了解透视变换的有关知识。
(7) 了解计算机图形学中消隐算法的有关知识。

实验内容

首先准备 6 张相同大小但内容不同的图片，然后编写程序，使用 pyopengl 创建旋转立方体，并为 6 个面使用不同的图片作为纹理。某时刻的效果图如图 65.1 所示。

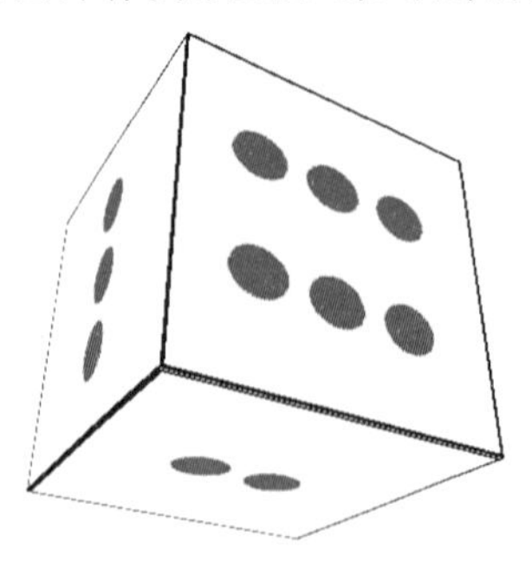

图 65.1 效果图

参考代码

```
import sys
from OpenGL.GL import *
from OpenGL.GLUT import *
from OpenGL.GLU import *
from PIL import Image

class MyPyOpenGLTest:
    def __init__(self, width=640, height=480,
                 title='MyPyOpenGLTest'.encode()):
        glutInit(sys.argv)
        glutInitDisplayMode(GLUT_RGBA | GLUT_DOUBLE | GLUT_DEPTH)
        glutInitWindowSize(width, height)
        self.window = glutCreateWindow(title)
        glutDisplayFunc(self.Draw)
        glutIdleFunc(self.Draw)
        self.InitGL(width, height)
        #绕各坐标轴旋转的角度
        self.x = 0.0
        self.y = 0.0
        self.z = 0.0

    #绘制图形
    def Draw(self):
        glClear(GL_COLOR_BUFFER_BIT | GL_DEPTH_BUFFER_BIT)
        glLoadIdentity()
        #沿 z 轴平移
        glTranslate(0.0, 0.0, -5.0)
        #分别绕 x、y、z 轴旋转
        glRotatef(self.x, 1.0, 0.0, 0.0)
        glRotatef(self.y, 0.0, 1.0, 0.0)
        glRotatef(self.z, 0.0, 0.0, 1.0)

        #开始绘制立方体的每个面,同时设置纹理映射
        glBindTexture(GL_TEXTURE_2D, 0)
        #绘制四边形
        glBegin(GL_QUADS)
        #设置纹理坐标
        glTexCoord2f(0.0, 0.0)
        #绘制顶点
        glVertex3f(-1.0, -1.0, 1.0)
```

```
glTexCoord2f(1.0, 0.0)
glVertex3f(1.0, -1.0, 1.0)
glTexCoord2f(1.0, 1.0)
glVertex3f(1.0, 1.0, 1.0)
glTexCoord2f(0.0, 1.0)
glVertex3f(-1.0, 1.0, 1.0)
glEnd()

#切换纹理
glBindTexture(GL_TEXTURE_2D, 1)
glBegin(GL_QUADS)
glTexCoord2f(1.0, 0.0)
glVertex3f(-1.0, -1.0, -1.0)
glTexCoord2f(1.0, 1.0)
glVertex3f(-1.0, 1.0, -1.0)
glTexCoord2f(0.0, 1.0)
glVertex3f(1.0, 1.0, -1.0)
glTexCoord2f(0.0, 0.0)
glVertex3f(1.0, -1.0, -1.0)
glEnd()

#切换纹理
glBindTexture(GL_TEXTURE_2D, 2)
glBegin(GL_QUADS)
glTexCoord2f(0.0, 1.0)
glVertex3f(-1.0, 1.0, -1.0)
glTexCoord2f(0.0, 0.0)
glVertex3f(-1.0, 1.0, 1.0)
glTexCoord2f(1.0, 0.0)
glVertex3f(1.0, 1.0, 1.0)
glTexCoord2f(1.0, 1.0)
glVertex3f(1.0, 1.0, -1.0)
glEnd()

#切换纹理
glBindTexture(GL_TEXTURE_2D, 3)
glBegin(GL_QUADS)
glTexCoord2f(1.0, 1.0)
glVertex3f(-1.0, -1.0, -1.0)
glTexCoord2f(0.0, 1.0)
glVertex3f(1.0, -1.0, -1.0)
glTexCoord2f(0.0, 0.0)
glVertex3f(1.0, -1.0, 1.0)
glTexCoord2f(1.0, 0.0)
```

```
        glVertex3f(-1.0, -1.0, 1.0)
        glEnd()

        #切换纹理
        glBindTexture(GL_TEXTURE_2D, 4)
        glBegin(GL_QUADS)
        glTexCoord2f(1.0, 0.0)
        glVertex3f(1.0, -1.0, -1.0)
        glTexCoord2f(1.0, 1.0)
        glVertex3f(1.0, 1.0, -1.0)
        glTexCoord2f(0.0, 1.0)
        glVertex3f(1.0, 1.0, 1.0)
        glTexCoord2f(0.0, 0.0)
        glVertex3f(1.0, -1.0, 1.0)
        glEnd()

        #切换纹理
        glBindTexture(GL_TEXTURE_2D, 5)
        glBegin(GL_QUADS)
        glTexCoord2f(0.0, 0.0)
        glVertex3f(-1.0, -1.0, -1.0)
        glTexCoord2f(1.0, 0.0)
        glVertex3f(-1.0, -1.0, 1.0)
        glTexCoord2f(1.0, 1.0)
        glVertex3f(-1.0, 1.0, 1.0)
        glTexCoord2f(0.0, 1.0)
        glVertex3f(-1.0, 1.0, -1.0)
        #结束绘制
        glEnd()

        #刷新屏幕,产生动画效果
        glutSwapBuffers()
        #修改各坐标轴的旋转角度
        self.x += 0.02
        self.y += 0.03
        self.z += 0.01

    #加载纹理
    def LoadTexture(self):
        imgFiles = [str(i)+'.jpg' for i in range(1,7)]
        for i in range(6):
            img = Image.open(imgFiles[i])
            width, height = img.size
            img = img.tobytes('raw', 'RGBX', 0, -1)
```

```
            glGenTextures(2)
            glBindTexture(GL_TEXTURE_2D, i)
            glTexImage2D(GL_TEXTURE_2D, 0, 4,
                         width, height,
                         0, GL_RGBA,
                         GL_UNSIGNED_BYTE,img)
            glTexParameterf(GL_TEXTURE_2D,
                            GL_TEXTURE_WRAP_S,
                            GL_CLAMP)
            glTexParameterf(GL_TEXTURE_2D,
                            GL_TEXTURE_WRAP_T,
                            GL_CLAMP)
            glTexParameterf(GL_TEXTURE_2D,
                            GL_TEXTURE_WRAP_S,
                            GL_REPEAT)
            glTexParameterf(GL_TEXTURE_2D,
                            GL_TEXTURE_WRAP_T,
                            GL_REPEAT)
            glTexParameterf(GL_TEXTURE_2D,
                            GL_TEXTURE_MAG_FILTER,
                            GL_NEAREST)
            glTexParameterf(GL_TEXTURE_2D,
                            GL_TEXTURE_MIN_FILTER,
                            GL_NEAREST)
            glTexEnvf(GL_TEXTURE_ENV,
                      GL_TEXTURE_ENV_MODE,
                      GL_DECAL)


    def InitGL(self, width, height):
        self.LoadTexture()
        glEnable(GL_TEXTURE_2D)
        glClearColor(1.0, 1.0, 1.0, 0.0)
        glClearDepth(1.0)
        glDepthFunc(GL_LESS)
        glShadeModel(GL_SMOOTH)
        #背面剔除,消隐
        glEnable(GL_CULL_FACE)
        glCullFace(GL_BACK)
        glEnable(GL_POINT_SMOOTH)
        glEnable(GL_LINE_SMOOTH)
        glEnable(GL_POLYGON_SMOOTH)
        glMatrixMode(GL_PROJECTION)
```

```
        glHint(GL_POINT_SMOOTH_HINT,GL_NICEST)
        glHint(GL_LINE_SMOOTH_HINT,GL_NICEST)
        glHint(GL_POLYGON_SMOOTH_HINT,GL_FASTEST)
        glLoadIdentity()
        gluPerspective(45.0,
                       float(width)/float(height),
                       0.1, 100.0)
        glMatrixMode(GL_MODELVIEW)
    def MainLoop(self):
        glutMainLoop()

if __name__ == '__main__':
    w = MyPyOpenGLTest()
    w.MainLoop()
```

实验 66

使用维吉尼亚密码算法实现加密和解密

适用专业

适用于计算机、网络工程、软件工程、信息安全等相关专业，其他专业选做。

实验目的

(1) 理解维吉尼亚密码算法的原理。

(2) 理解标准库 itertools 中 cycle 对象的工作原理。

(3) 熟练使用字符串方法。

(4) 熟练使用切片操作。

实验内容

维吉尼亚密码算法使用一个密钥和一个表来实现加密，根据明文和密钥的对应关系进行查表来决定加密结果。假设替换表如图 66.1 所示，最上面一行表示明文，最左边一

```
  ABCDEFGHIJKLMNOPQRSTUVWXYZ
A:ABCDEFGHIJKLMNOPQRSTUVWXYZ
B:BCDEFGHIJKLMNOPQRSTUVWXYZA
C:CDEFGHIJKLMNOPQRSTUVWXYZAB
D:DEFGHIJKLMNOPQRSTUVWXYZABC
E:EFGHIJKLMNOPQRSTUVWXYZABCD
F:FGHIJKLMNOPQRSTUVWXYZABCDE
G:GHIJKLMNOPQRSTUVWXYZABCDEF
H:HIJKLMNOPQRSTUVWXYZABCDEFG
I:IJKLMNOPQRSTUVWXYZABCDEFGH
J:JKLMNOPQRSTUVWXYZABCDEFGHI
K:KLMNOPQRSTUVWXYZABCDEFGHIJ
L:LMNOPQRSTUVWXYZABCDEFGHIJK
M:MNOPQRSTUVWXYZABCDEFGHIJKL
N:NOPQRSTUVWXYZABCDEFGHIJKLM
O:OPQRSTUVWXYZABCDEFGHIJKLMN
P:PQRSTUVWXYZABCDEFGHIJKLMNO
Q:QRSTUVWXYZABCDEFGHIJKLMNOP
R:RSTUVWXYZABCDEFGHIJKLMNOPQ
S:STUVWXYZABCDEFGHIJKLMNOPQR
T:TUVWXYZABCDEFGHIJKLMNOPQRS
U:UVWXYZABCDEFGHIJKLMNOPQRST
V:VWXYZABCDEFGHIJKLMNOPQRSTU
W:WXYZABCDEFGHIJKLMNOPQRSTUV
X:XYZABCDEFGHIJKLMNOPQRSTUVW
Y:YZABCDEFGHIJKLMNOPQRSTUVWX
Z:ZABCDEFGHIJKLMNOPQRSTUVWXY
```

图 66.1 替换表

列表示密钥,那么二维表格中与明文字母和密钥字母对应的字母就是加密结果。例如单词 PYTHON 使用 ABCDEF 做密钥的加密结果为 PZVKSS。

编写程序,使用维吉尼亚密码算法对文本进行加密和解密。

参考代码

```
from string import ascii_uppercase as uppercase
from itertools import cycle

#加密置换表
table = dict()
for index, ch in enumerate(uppercase):
    table[ch] = uppercase[index:]+uppercase[:index]

deTable = {'A':'A'}
start = 'Z'
for index, ch in enumerate(uppercase[1:], start=1):
    deTable[ch] = chr(ord(start)+1-index)

def deKey(key):
    #根据加密密钥,计算解密密钥
    return ''.join([deTable[i] for i in key])

#加密/解密
def encrypt(plainText, key):
    result = []
    #创建 cycle 对象,支持密钥字母的循环使用
    currentKey = cycle(key)
    for ch in plainText:
        #逐个处理文本中的每个字符
        if 'A'<= ch<= 'Z':
            index = uppercase.index(ch)
            #获取密钥字母
            ck = next(currentKey)
            #获取置换结果字母
            result.append(table[ck][index])
        else:
            result.append(ch)
    return ''.join(result)

key = 'DONGFUGUO'
```

```
p = 'PYTHON 3.6.5 PYTHON 3.7'
c = encrypt(p, key)
print('初始明文:', p)
print('加密结果:', c)
print('解密结果:', encrypt(c,deKey(key)))
```

实验 67

chapter 67

暴力破解 MD5 值

适用专业

适用于计算机、网络工程、通信工程、信息安全等相关专业，其他专业选做。

实验目的

(1) 理解 MD5 算法的原理。
(2) 了解 Python 标准库 hashlib 中 md()函数的用法。
(3) 了解 Python 标准库 string 字符串常量的用法。
(4) 了解 Python 标准库 time 中 time()函数的用法。
(5) 了解暴力破解的工作原理。
(6) 熟练运用内置函数 print()的 end 参数。
(7) 了解标准库 hashlib、itertools、time 的用法。
(8) 熟练运用字符串的 join()和 encode()方法。

实验内容

编写程序，使用暴力测试的方法破解一个 MD5 值对应的明文。假设该 MD5 值是对一个长度大于等于 5 且小于 10 的字符串使用 UTF8 编码之后得到的字节串进行加密的结果，要求输出代码运行时间，也就是破解该 MD5 值所需要的时间。

参考代码

```
from hashlib import md5
from string import ascii_letters, digits
from itertools import permutations
from time import time
```

```
#候选字符集
all_letters = ascii_letters + digits + '.,;'

def decrypt_md5(md5_value):
    #破解 32 位 MD5 值
    if len(md5_value) != 32:
        print('error')
        return

    #转换为小写 MD5 值
    md5_value = md5_value.lower()
    #预期密码长度
    for k in range(5,10):
        #暴力测试
        for item in permutations(all_letters, k):
            item = ''.join(item)
            #显示进度
            print('.', end='')
            if md5(item.encode()).hexdigest() == md5_value:
                return item

md5_value = 'b932ae9220e9a413b39d9782605fee8f'
start = time()
result = decrypt_md5(md5_value)
if result:
    print('\nSuccess:  '+md5_value+'==>'+result)
print('Time used:', time()-start)
```

实验 68 chapter 68

使用高级加密算法 AES 对信息进行加密和解密

适 用 专 业

适用于计算机、网络工程、信息安全、软件工程等相关专业，其他专业选做。

实 验 目 的

(1) 熟练安装 Python 扩展库 pycryptodome。
(2) 了解高级加密算法 AES 的基础知识。
(3) 熟悉 AES 算法的常用工作模式。

实 验 内 容

编写程序，使用 Python 扩展库 pycryptodome 中提供的 AES 算法对文本信息进行加密和解密。

参 考 代 码

```
import string
import random
from Crypto.Cipher import AES

#生成指定长度的密钥
def keyGenerater(length):
    if length not in (16, 24, 32):
        return None
    x = string.ascii_letters + string.digits
```

```
    return ''.join([random.choice(x)
                    for i in range(length)]).encode()

#返回加密/解密器
def encryptor_decryptor(key, mode):
    if mode == AES.MODE_ECB:
        return AES.new(key, mode)
    return AES.new(key, mode, b'0' * 16)

#使用指定密钥和模式对给定信息进行加密
def AESencrypt(key, mode, text):
    encryptor = encryptor_decryptor(key, mode)
    return encryptor.encrypt(text)

#使用指定密钥和模式对给定信息进行解密
def AESdecrypt(key, mode, text):
    decryptor = encryptor_decryptor(key, mode)
    return decryptor.decrypt(text)

if __name__ == '__main__':
    text = '玄之又玄,众妙之门。Python is excellent.'
    key = keyGenerater(16)
    #随机选择 AES 的模式
    mode = random.choice((AES.MODE_CBC, AES.MODE_CFB,
                          AES.MODE_ECB, AES.MODE_OFB))
    if not key:
        print('密钥生成错误。')
    else:
        print('key:', key.decode())
        print('mode:', mode)
        print('Before encryption:', text)
        #明文必须以字节串形式,且长度为 16 的倍数
        text_encoded = text.encode()
        text_length = len(text_encoded)
        padding_length = 16 - text_length%16
        text_encoded = text_encoded + b'0' * padding_length
        text_encrypted = AESencrypt(key, mode, text_encoded)
        print('After encryption:', text_encrypted)
        text_decrypted = AESdecrypt(key, mode, text_encrypted)
        print('After decryption:',
              text_decrypted.decode()[:-padding_length])
```

实验 69 chapter 69

查杀系统中指定进程

适 用 专 业

适用于计算机、网络工程、通信工程、信息安全等相关专业,其他专业选做。

实 验 目 的

(1) 了解系统运维基本知识。
(2) 熟练安装 Python 扩展库 psutil。
(3) 了解 Python 扩展库 psutil 中关于进程操作的有关函数用法。
(4) 了解 Python 标准库 os. path 中 basename()函数的用法。

实 验 内 容

编写程序,查杀系统中当前正在运行的文本编辑器、浏览器进程。

参 考 代 码

```
import psutil
from os.path import basename

for pid in psutil.pids():
    try:
        p = psutil.Process(pid)
        fn = basename(p.exe()).lower()
        if fn in ('notepad.exe','winword.exe',
                  'powerpnt.exe','wps.exe', 'wpp.exe',
                  'wordpad.exe','iexplore.exe',
                  'MicrosoftEdge.exe','chrome.exe',
```

```
                'qqbrowser.exe','360chrome.exe',
                '360se.exe','sogouexplorer.exe',
                'firefox.exe','maxthon.exe',
                'netscape.exe','baidubrowser.exe',
                '2345Explorer.exe'):
            p.kill()
    except:
        pass
```

实验 70 chapter 70

控制另一个 Python 程序的输入输出

适用专业

适用于计算机、网络工程、软件工程等相关专业，其他专业选做。

实验目的

(1) 理解进程的概念和基本知识。

(2) 了解 Python 标准库 subprocess 中 Popen 函数()和 PIPE 的用法。

(3) 熟悉使用 Python 解释器执行 Python 程序的方法。

(4) 熟悉文件操作的有关内容。

实验内容

(1) 编写一个被控程序 externProgram.py，该程序从键盘读取一个信息，然后在信息前面加上一句话"注意，这个信息被处理过了："，然后输出处理后的信息。

(2) 编写控制程序，该程序从键盘读取一个信息，然后自动执行被控程序 externProgram.py 并把读取的信息传递给被控程序，最后读取被控程序的输出并将其写入本地文件 b. txt 中。

参考代码

(1) 被控程序(externProgram. py)。

```
x = input()
print('注意,这个信息被处理过了:', x)
```

(2) 控制程序(test. py)。

```
from subprocess import PIPE, Popen
```

```
text = input('请输入信息：')
test = Popen('python externProgram.py',
             stdin=PIPE,
             stdout=PIPE,
             stderr=PIPE)
test.stdin.write(text.encode('cp936'))
test.stdin.close()

with open('b.txt', 'w', encoding='utf-8') as result:
    result.write(test.stdout.read().decode('cp936'))
```

实验 71 chapter 71

使用 matplotlib 绘制折线图对龟兔赛跑中兔子和乌龟的行走状态进行可视化

适用专业

适用于所有专业。

实验目的

(1) 熟练安装 Python 扩展库 numpy、matplotlib。

(2) 理解 numpy 中 peicewise()函数的用法。

(3) 熟练使用 matplotlib 设置坐标轴标签和图形标题。

实验内容

“龟兔赛跑”是一个众所周知的故事，遥遥领先的兔子回头看了看慢慢爬行的乌龟，非常骄傲，于是就睡了一觉，结果醒来时发行乌龟已经快到终点了，只好急忙追赶，但是为时已晚，最终比赛结果是乌龟先到达终点。

编写程序，使用 Python 扩展库 numpy 中的 piecewise()函数实现分段函数模拟兔子的行走轨迹，然后使用 matplotlib. pyplot 模块中的 plot()函数绘制折线图表示兔子和乌龟的时间-位移图像。

参考代码

```
import numpy as np
import matplotlib.pyplot as plt
import matplotlib.font_manager as fm
```

```
#时间轴
t = np.arange(0, 120, 0.5)
#兔子的运行轨迹
rabbit = np.piecewise(t,
                         [t<10, t>110],      #兔子跑步的两个时间段
                         [lambda x:15 * x,   #兔子第一个时间段的路程
                          lambda x:20 * (x-110)+150,   #第二个时间段的路程
                          lambda x:150]      #兔子中间睡觉时的路程
                         )
tortoise = 3 * t        #奔跑吧,小乌龟
plt.plot(t, tortoise, label='乌龟', c='r', linewidth=2)
plt.plot(t, rabbit, 'b--', label='兔子')
plt.title('龟兔赛跑', fontproperties='STKAITI', fontsize=24)
plt.xlabel('时间/s', fontproperties='STKAITI', fontsize=18)
plt.ylabel('与起点的距离/m', fontproperties='simhei', fontsize=18)
myfont = fm.FontProperties(fname=r'C:\Windows\Fonts\STKAITI.ttf')
plt.legend(prop = myfont)
plt.show()
```

运行结果如图 71-1 所示。

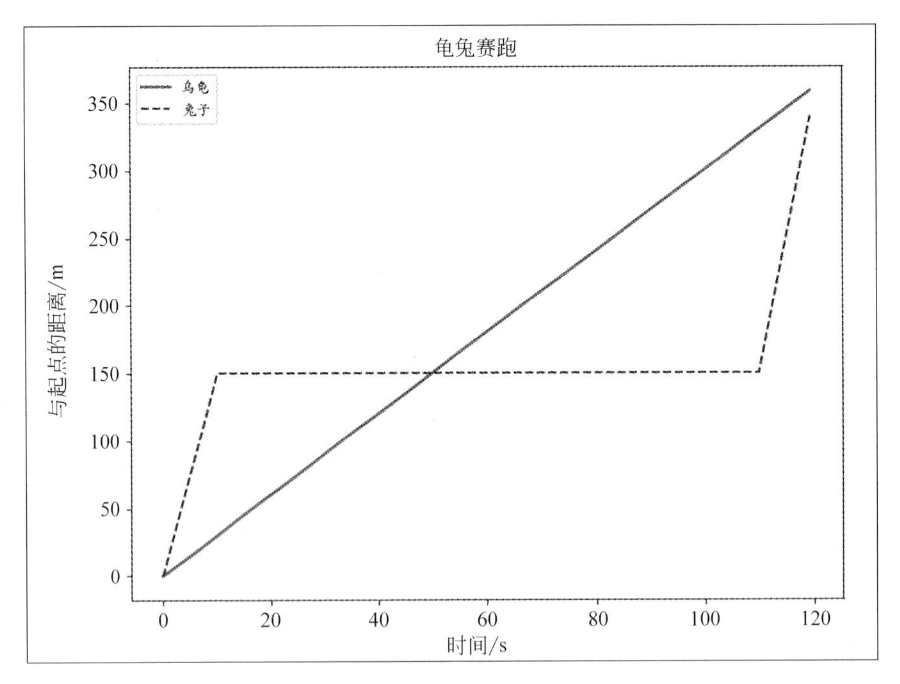

图 71.1 龟兔赛跑

实验 72 chapter 72

使用 matplotlib 绘制正多边形逼近圆周

适用专业

适用于所有专业。

实验目的

(1) 理解正多边形逼近圆周的原理。
(2) 熟练安装 matplotlib 及其依赖的扩展库。
(3) 了解使用 matplotlib 绘制多边形的方法。
(4) 了解 matplotlib 中常用组件的用法。

实验内容

编写程序,使用 matplotlib 绘制正多边形,通过 matplotlib 的 Slider 组件动态修改正多边形的边数,通过 matplotlib 的 Button 组件恢复 Slider 组件的默认值。运行程序,调整正多边形的边数,观察正多边形与圆周的接近程度。

参考代码

```
import numpy as np
import matplotlib.pyplot as plt
from matplotlib.widgets import Slider, Button

def circleXY(r=20, sideNum=6):
    theta = np.linspace(0, 2 * np.pi,      #绘制一个完整的圆
                        sideNum,           #边的数量
                        False)             #划分角度时不包含终点
    x = r * np.sin(theta)                  #圆周上点的 x 坐标
```

```
    x = np.append(x, x[0])                  #首尾相连
    y = r * np.cos(theta)                   #圆周上点的 y 坐标
    y = np.append(y, y[0])                  #首尾相连
    return (x,y)

fig, ax = plt.subplots()                    #创建图形和轴
plt.subplots_adjust(left=0.1,               #调整绘制结果图形的位置
                    bottom=0.25)

x, y = circleXY()
l, = plt.plot(x, y,                         #绘制折线图,正多边形
              lw=2, color='red')            #设置线宽和颜色

axColor = 'lightgoldenrodyellow'
#创建 Slider 组件,设置位置/尺寸、背景色和初始值
axSideNum = plt.axes([0.2, 0.1, 0.6, 0.03],     #Slider 左上角位置和大小
                     facecolor=axColor)
slideSideNum = Slider(axSideNum, 'side number',
                      valmin=3, valmax=60,      #最小值、最大值
                      valinit=6,          #默认值
                      valfmt='%d')        #数字显示格式

#为 Slider 组件设置事件处理函数
def update(event):
    sideNum = int(slideSideNum.val)         #获取 Slider 组件的当前值
    x, y = circleXY(sideNum=sideNum)        #重新计算圆周上点的坐标
    l.set_data(x, y)                        #更新数据
    plt.draw()                              #重新绘制多边形
slideSideNum.on_changed(update)

#创建按钮组件,用来恢复 Slider 组件的初始值
resetax = plt.axes([0.45, 0.03, 0.1, 0.04])
button = Button(resetax, 'Reset', color=axColor, hovercolor='yellow')
def reset(event):
    slideSideNum.reset()
button.on_clicked(reset)

ax.set_aspect('equal')                      #设置坐标轴纵横比相等
ax.set_xlim(-22, 22)                        #设置 x 轴刻度起止值
ax.set_ylim(-22, 22)

plt.show()                                  #显示图形
```

运行结果如图 72.1 所示。

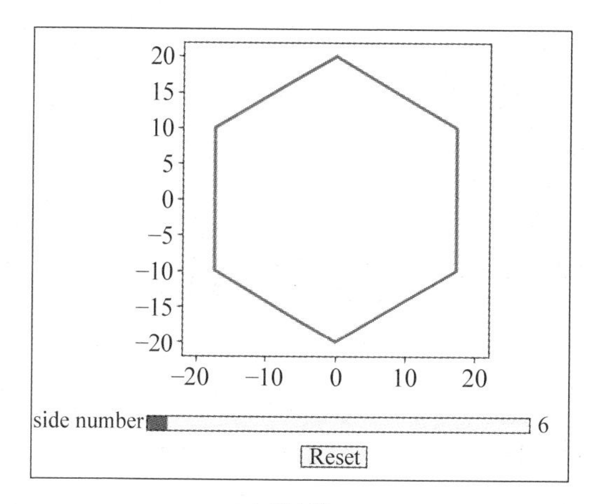

(a) 多边形1

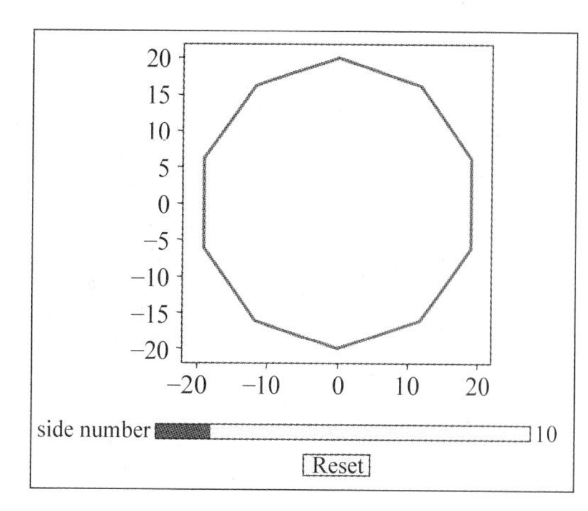

(b) 多边形2

图 72.1　运行结果

实验 73 chapter 73

绘制折线图并实现鼠标悬停标注

适用专业

适用于计算机、统计、数据科学等相关专业，其他专业选做。

实验目的

(1) 熟练安装 Python 扩展库 numpy、matplotlib。

(2) 根据给定的数据熟练绘制折线图。

(3) 了解为 matplotlib 画布设置事件处理函数的方法。

(4) 了解为图形设置文本标注的方法。

实验内容

编写程序，绘制一个周期的正弦曲线，并实现下面的功能：①鼠标进入图形区域之后，设置图形背景色为黄色，鼠标离开图形区域时将其恢复为白色；②当鼠标移动至正弦曲线附近(距离小于 2 个像素)时在鼠标上方出现文本标注当前值，鼠标远离曲线时文本标注自动消失。

图 73.1～图 73.3 分别显示了鼠标在图形之外、鼠标进入图形和鼠标接近曲线时的状态。

参考代码

```
import numpy as np
import matplotlib.pyplot as plt

fig = plt.figure()
ax = fig.gca()
```

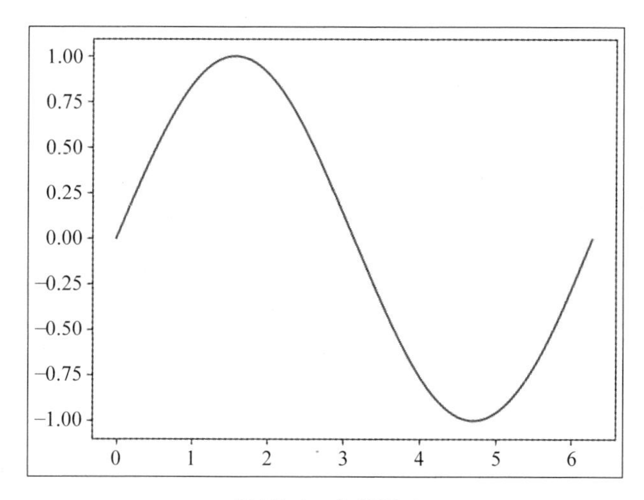

图 73.1　曲线图 1

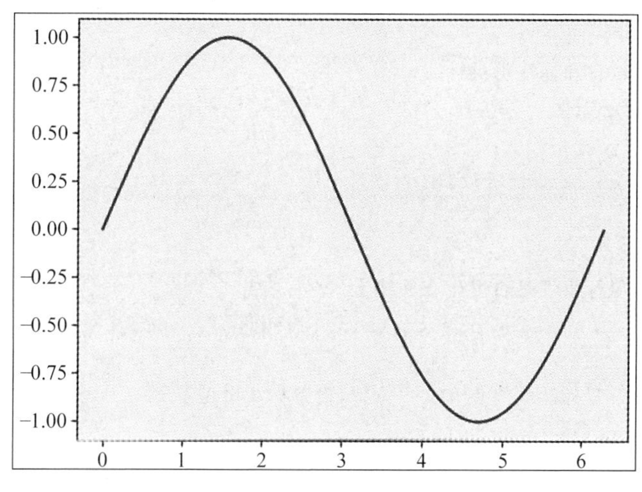

图 73.2　曲线图 2

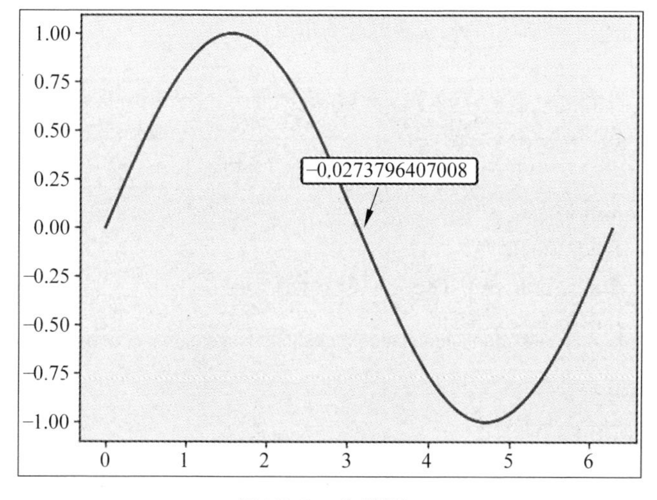

图 73.3　曲线图 3

```
x = np.arange(0, 2 * np.pi, 0.01)
y = np.sin(x)
sinCurve, = plt.plot(x, y,                              #绘图数据
                     picker=2)                          #鼠标距离曲线 2 个像素可识别

#创建标注对象
annot = ax.annotate("",
                    xy=(0,0),                           #标注箭头位置
                    xytext=(-50,50),                    #标注文本位置偏移量
                    textcoords="offset pixels",         #偏移量单位(像素)
                    bbox={'boxstyle':"round",           #圆角
                          'fc':"r"},                    #红色背景
                    arrowprops={'arrowstyle':"->"})     #标注箭头形状
annot.set_visible(False)

def onMotion(event):
    #获取鼠标位置和标注可见性
    x = event.xdata
    y = event.ydata
    visible = annot.get_visible()

    if event.inaxes == ax:
        #测试鼠标事件是否发生在曲线上
        contain, _ = sinCurve.contains(event)
        if contain:
            #设置标注的终点和文本位置,设置标注可见
            annot.xy = (x, y)
            annot.set_text(str(y))                      #设置标注文本
            annot.set_visible(True)                     #设置标注可见
        else:
            #鼠标不在曲线附近,设置标注为不可见
            if visible:
                annot.set_visible(False)
        event.canvas.draw_idle()

def onEnter(event):
    #鼠标进入时修改轴的颜色
    event.inaxes.patch.set_facecolor('yellow')
    event.canvas.draw_idle()

def onLeave(event):
    #鼠标离开时恢复轴的颜色
    event.inaxes.patch.set_facecolor('white')
    event.canvas.draw_idle()
```

```
#添加事件处理函数
fig.canvas.mpl_connect('motion_notify_event', onMotion)
fig.canvas.mpl_connect('axes_enter_event', onEnter)
fig.canvas.mpl_connect('axes_leave_event', onLeave)

plt.show()
```

实验 74 chapter 74

使用柱状图和热力图可视化并分析学生成绩数据

适用专业

适用于数字媒体技术、数据科学、统计等相关专业，其他专业选做。

实验目的

（1）熟练安装 Python 扩展库 pandas、seaborn、matplotlib。
（2）熟练使用 pandas 读取 Excel 文件中的数据。
（3）了解使用 seaborn 绘制热力图的方法。
（4）熟练使用 matplotlib 设置图形坐标轴参数。

实验内容

有些学校的学号最后两位是根据入学成绩顺序排的，那么入学之后同学们的学习状态是否会有变化呢？入学成绩较好的同学是否能够一直保持优势呢？会不会有同学是高考时没有发挥好而入学之后才暴露出真实实力呢？又会不会有高中没有认真学习的同学大学入学以后奋发图强一路拼杀到前几名呢？如果没有这些情况的话，图形应该是比较稳定，不同班级之间相同学号的学生成绩比较接近，并且班级之间和班内同学之间的相对优势变化很小。

在当前文件夹中有一个存放同一门课程两个班级同学成绩的 Excel 文件“学生成绩.xlsx”，每个工作表中存放一个班级的成绩。编写程序，使用 pandas 读取其中的数据，然后绘制柱状图和热力图对学生的成绩数据进行可视化。

参考代码

```
import pandas as pd
```

```
import seaborn as sns
import matplotlib.pyplot as plt
import matplotlib.font_manager as fm

df1 = pd.read_excel('学生成绩.xlsx', sheetname='一班')
df1.columns = ['学号', '一班']
df2 = pd.read_excel('学生成绩.xlsx', sheetname='二班')
df2.columns = ['学号', '二班']
df = pd.merge(df1, df2, on = '学号')
print(df)

myfont = fm.FontProperties(fname=r'C:\Windows\Fonts\STKAITI.ttf')

#柱状图
df.plot(x='学号', kind='bar')
plt.xlabel('学号', fontproperties='stkaiti')
plt.legend(prop=myfont)

#热力图
plt.figure()
sns.heatmap(df[['一班','二班']],
            yticklabels=list(range(1, len(df)+1)))
plt.xticks(fontproperties='STKAITI')

#显示图形
plt.show()
```

运行结果如图 74.1 和图 74.2 所示。

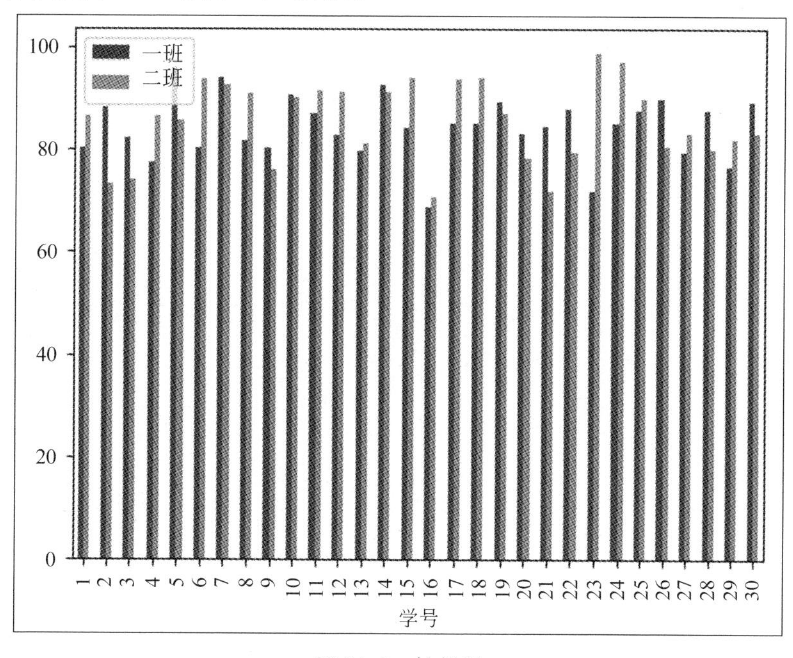

图 74.1 柱状图

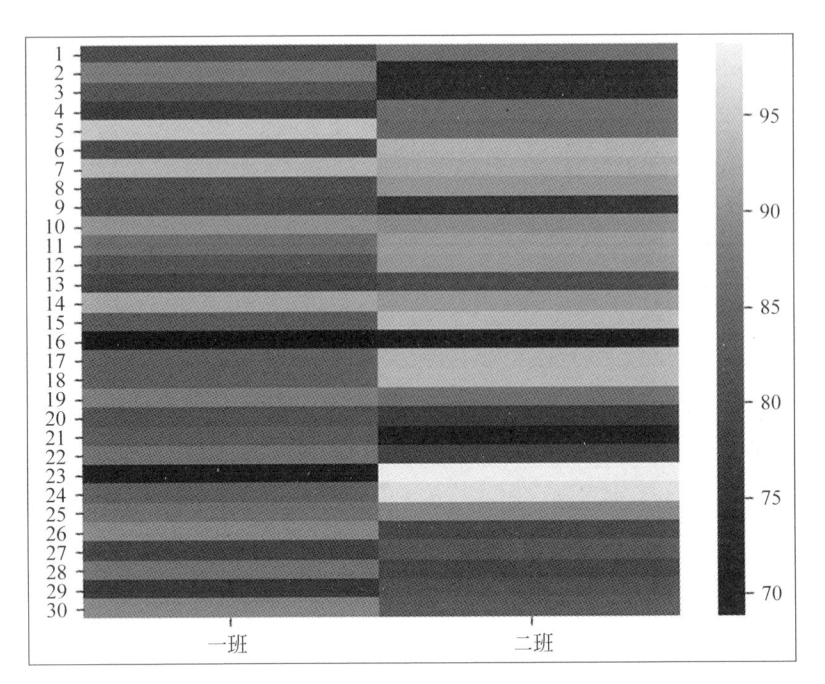

1
2
3
4
5
6
7
8
9
10
11
12
13
14
15
16
17
18
19
20
21
22
23
24
25
26
27
28
29
30
一班
二班
95
90
85
80
75
70

图 74.2 热力图

实验 75 chapter 75

数据分析与可视化综合实验

适 用 专 业

适用于计算机、数据科学、数字媒体等相关专业，其他专业选做。

实 验 目 的

(1) 熟悉 Python 标准库 csv 的用法。
(2) 熟悉 CSV 和 TXT 文件操作。
(3) 熟练安装扩展库 numpy、pandas、matplotlib。
(4) 熟悉使用扩展库 pandas 进行数据分析的基本操作。
(5) 熟悉使用扩展库 matplotlib 进行数据可视化的基本操作。

实 验 内 容

(1) 运行下面的程序，在当前文件夹中生成饭店营业额模拟数据文件 data. csv。

```
import csv
import random
import datetime

fn = 'data.csv'

with open(fn, 'w') as fp:
    #创建 csv 文件并写入对象
    wr = csv.writer(fp,lineterminator='\n')
    #写入表头
    wr.writerow(['日期', '销量'])

    #生成模拟数据
```

```
startDate = datetime.date(2017, 1, 1)

#生成 365 个模拟数据,可以根据需要进行调整
for i in range(365):
    #生成一个模拟数据,写入 csv 文件
    amount = 300 + i*5 + random.randrange(100)
    wr.writerow([str(startDate), amount])
    #下一天
    startDate = startDate + datetime.timedelta(days=1)
```

(2) 然后完成下面的任务。

① 使用 pandas 读取文件 data.csv 中的数据,创建 DataFrame 对象,并删除其中所有缺失值。

② 使用 matplotlib 生成折线图,反映该饭店每天的营业额情况,并把图形保存为本地文件 first.jpg。

③ 按月份进行统计,使用 matplotlib 绘制柱状图显示每个月份的营业额,并把图形保存为本地文件 second.jpg。

④ 按月份进行统计,找出相邻两个月最大涨幅,并把涨幅最大的月份写入文件 maxMonth.txt。

⑤ 按季度统计该饭店 2017 年的营业额数据,使用 matplotlib 生成饼状图显示 2017 年 4 个季度的营业额分布情况,并把图形保存为本地文件 third.jpg。

参考代码

```
import pandas as pd
import matplotlib.pyplot as plt

#读取数据,丢弃缺失值
df = pd.read_csv('data.csv', encoding = 'cp936')
df = df.dropna()

#生成营业额折线图
plt.figure()
df.plot(x='日期')
plt.savefig('first.jpg')

#按月统计,生成柱状图
plt.figure()
df1 = df[:]
df1['month'] = df1['日期'].map(lambda x: x[:x.rindex('-')])
df1 = df1.groupby(by='month', as_index=False).sum()
df1.plot(x='month', kind='bar')
```

```
plt.savefig('second.jpg')

#查找涨幅最大的月份,写入文件
df2 = df1.drop('month', axis=1).diff()
m = df2['销量'].nlargest(1).keys()[0]
with open('maxMonth.txt', 'w') as fp:
    fp.write(df1.loc[m, 'month'])

#按季度统计,生成饼状图
plt.figure()
one = df1[:3]['销量'].sum()
two = df1[3:6]['销量'].sum()
three = df1[6:9]['销量'].sum()
four = df1[9:12]['销量'].sum()
plt.pie([one, two, three, four],
        labels=['one', 'two', 'three', 'four'])
plt.savefig('third.jpg')
```

实验 76 chapter 76

WAV 声音文件处理

适用专业

适用于数字媒体技术、计算机等相关专业，其他专业选做。

实验目的

(1) 熟练安装 Python 扩展库 numpy、scipy。
(2) 了解使用 scipy.io.wavfile 模块读写未压缩 WAV 文件的用法。
(3) 了解 WAV 声音文件格式。
(4) 了解立体声音乐左右声道的原理。

实验内容

准备一首未压缩的 WAV 音乐文件，然后完成以下任务。
(1) 编写函数，生成新文件，让音乐重复两次。
(2) 编写函数，生成新文件，让音乐的音量减小一半。
(3) 编写函数，生成新文件，实现音乐的前十分之一淡入、后十分之一淡出。
(4) 编写函数，生成两个新文件，实现音乐文件的左右声道分离。

参考代码

```
import numpy as np
from scipy.io import wavfile
```

(1)

```
def doubleMusic(srcMusic, dstMusic):
    data = wavfile.read(srcMusic)
```

```
    dataDouble = np.array(list(data[1]) * 2)
    wavfile.write(dstMusic, data[0], dataDouble)
```

(2)

```
def halfMusic(srcMusic, dstMusic):
    data = wavfile.read(srcMusic)
    wavfile.write(dstMusic, data[0], data[1]//2)
```

(3)

```
def fadeInout(srcMusic, dstMusic):
    sampleRate, musicData = wavfile.read(srcMusic)
    length = len(musicData)
    n = 10
    start = length//10
    factors = tuple(map(lambda num: round(num/start, 1), range(start)))
    factors = factors + (1,) * (length-start * 2) + factors[::-1]
    musicData = np.array(tuple(map(lambda data, factor:
                                [np.int16(data[0] * factor),
                                np.int16(data[1] * factor)],
                                musicData, factors)))
    wavfile.write(dstMusic, sampleRate, musicData)
```

(4)

```
def splitChannel(srcMusic):
    sampleRate, musicData = wavfile.read(srcMusic)
    left = []
    right = []
    for item in musicData:
        left.append(item[0])
        right.append(item[1])
    wavfile.write('left.wav', sampleRate, np.array(left))
    wavfile.write('right.wav', sampleRate, np.array(right))
```

实验 77 chapter 77

基于用户协同过滤算法的电影打分与推荐

适 用 专 业

适用于计算机、数据科学、统计等相关专业，其他专业选做。

实 验 目 的

(1) 理解基于用户的协同过滤算法的原理。
(2) 熟练运用字典和集合。
(3) 熟练运用内置函数 sum()、min()、len()。
(4) 熟练运用各种推导式。

实 验 内 容

编写程序，生成数据模拟(也可以使用真实数据)多人对多部电影的打分(1～5 分)，然后根据这些数据对某用户 A 进行推荐。推荐规则为：在已有数据中选择与该用户 A 的爱好最相似的用户 B，然后从最相似的用户 B 已看过但用户 A 还没看过的电影中选择用户 B 打分最高的电影推荐给用户 A。其中，相似度的计算标准：①两个用户共同打分过的电影越多，越相似；②两个用户对共同打分的电影的打分越接近，越相似。

参 考 代 码

```
from random import randrange

#模拟历史电影打分数据
data = {'user'+str(i):{'film'+str(randrange(1, 15)):randrange(1, 6)
```

```
                        for j in range(randrange(3, 10))}
            for i in range(10)}

#当前用户打分数据
user = {'film'+str(randrange(1, 15)):randrange(1,6) for i in range(5)}
#最相似的用户及其对电影打分情况
#两个用户共同打分的电影最多
#并且所有电影打分差值的平方和最小
f = lambda item:(-len(item[1].keys()&user),
                 sum(((item[1].get(film)-user.get(film))**2
                      for film in user.keys()&item[1].keys())))
similarUser, films = min(data.items(), key=f)

print('known data'.center(50, '='))
for item in data.items():
    print(len(item[1].keys()&user.keys()),
          sum(((item[1].get(film)-user.get(film))**2
               for film in user.keys()&item[1].keys())),
          item,
          sep = ':')

print('current user'.center(50, '='))
print(user)

print('most similar user and his films'.center(50, '='))
print(similarUser, films, sep=':')
print('recommended film'.center(50, '='))
#在当前用户没看过的电影中选择打分最高的进行推荐
print(max(films.keys()-user.keys(), key=lambda film: films[film]))
```

实验 78

chapter 78

使用线性回归算法预测儿童身高

适 用 专 业

适用于计算机、数据科学等相关专业，其他专业选做。

实 验 目 的

(1) 熟练安装 Python 扩展库 sklearn。

(2) 理解线性回归算法的原理。

(3) 了解线性回归算法适用的问题类型。

(4) 了解如何使用线性回归算法解决问题。

实 验 内 容

一个人的身高除了随年龄变大而增长之外，在一定程度上还受到遗传和饮食以及其他因素的影响，代码中假定受年龄、性别、父母身高、祖父母身高和外祖父母身高共同影响，并假定大致符合线性关系。

已知若干样本，其中包含数据中年龄、性别、父母身高、祖父母身高、外祖父母身高与孩子身高之间的对应关系。使用线性回归算法预测儿童在其他条件都确定的情况下指定年龄可能会成长的身高，并假设超过 18 岁之后身高不再变化。

参 考 代 码

```
import copy
import numpy as np
from sklearn import linear_model

#测试数据，每个子列表的元素分别表示儿童年龄、性别(0 表示女，1 表示男)、
```

```
#父亲身高、母亲身高、祖父身高、祖母身高、外祖父身高、外祖母身高
x = np.array([[1, 0, 180, 165, 175, 165, 170, 165],
              [3, 0, 180, 165, 175, 165, 173, 165],
              [4, 0, 180, 165, 175, 165, 170, 165],
              [6, 0, 180, 165, 175, 165, 170, 165],
              [8, 1, 180, 165, 175, 167, 170, 165],
              [10, 0, 180, 166, 175, 165, 170, 165],
              [11, 0, 180, 165, 175, 165, 170, 165],
              [12, 0, 180, 165, 175, 165, 170, 165],
              [13, 1, 180, 165, 175, 165, 170, 165],
              [14, 0, 180, 165, 175, 165, 170, 165],
              [17, 0, 170, 165, 175, 165, 170, 165]])
#儿童身高,单位:cm
y = np.array([60, 90, 100, 110,
             130, 140, 150, 164,
             160, 163, 168])

#创建线性回归模型,根据已知数据拟合最佳直线
lr = linear_model.LinearRegression()
lr.fit(x, y)
#查看最佳拟合系数
print('k:', lr.coef_)
#截距
print('b:', lr.intercept_)

#预测
xs = np.array([[10, 0, 180, 165, 175, 165, 170, 165],
               [17, 1, 173, 153, 175, 161, 170, 161],
               [34, 0, 170, 165, 170, 165, 170, 165]])
for item in xs:
    #深复制,假设超过18岁以后就不再长高了
    item1 = copy.deepcopy(item)
    if item1[0] > 18:
        item1[0] = 18
    print(item, ':', lr.predict(item1.reshape(1,-1)))
```

实验 79

chapter 79

使用 KNN 分类算法实现根据身高和体重对体型分类

适用专业

适用于计算机、数据科学等相关专业，其他专业选做。

实验目的

（1）熟练安装 Python 扩展库 sklearn。

（2）理解 KNN 分类算法的原理。

（3）了解 KNN 分类算法的适用问题类型。

（4）了解使用 KNN 分类算法解决问题的方法。

实验内容

KNN 算法是 k-Nearest Neighbor Classification 的简称，也就是 k 近邻分类算法，属于有监督的学习算法。基本思路是在特征空间中查找 k 个最相似或者距离最近的样本，然后根据 k 个最相似的样本对未知样本进行分类。基本步骤如下。

（1）计算已知样本空间中所有点与未知样本的距离。

（2）对所有距离按升序排列。

（3）确定并选取与未知样本距离最小的 k 个样本或点。

（4）统计选取的 k 个点所属类别的出现频率。

（5）把出现频率最高的类别作为预测结果，即未知样本所属类别。

假设已知样本数据，其中包含性别、身高、体重与肥胖程度的对应关系。要求使用 KNN 分类算法对未知数据（性别，身高，体重）进行分类。

参考代码

```
import numpy as np
from sklearn.neighbors import KNeighborsClassifier

#已知样本数据
#每行数据分别为性别、身高、体重
knownData = ((1, 180, 85), (1, 180, 86), (1, 180, 90),
             (1, 180, 100), (1, 185, 120), (1, 175, 80),
             (1, 175, 60), (1, 170, 70), (1, 175, 90),
             (1, 175, 100), (1, 185, 90), (1, 185, 80))
knownTarget = ('稍胖', '稍胖', '稍胖',
               '过胖', '太胖', '正常',
               '偏瘦', '正常', '稍胖',
               '太胖', '正常', '偏瘦')

#创建并训练模型
clf = KNeighborsClassifier(n_neighbors=3, weights='distance')
clf.fit(knownData, knownTarget)

unKnownData = [(1, 180, 70), (1, 160, 90), (1, 170, 85)]

#分类
for current in unKnownData:
    print(current, end=' : ')
    current = np.array(current).reshape(1,-1)
    print(clf.predict(current)[0])
```

chapter 80

实验 80

使用朴素贝叶斯算法实现中文邮件分类

适 用 专 业

适用于计算机、数据科学等相关专业，其他专业选做。

实 验 目 的

(1) 熟练安装 Python 扩展库 jieba、numpy、sklearn。

(2) 了解朴素贝叶斯算法的原理。

(3) 了解垃圾邮件分类的原理。

(4) 了解扩展库 jieba 分词功能的用法。

(5) 了解正则表达式的基本用法。

(6) 熟练使用标准库 collections 中 Counter 对象进行频次统计。

(7) 了解使用标准库 itertools 中 chain()函数连接多个列表中元素的用法。

实 验 内 容

使用朴素贝叶斯算法对邮件分类的步骤如下。

(1) 准备垃圾和非垃圾邮件训练集。

(2) 读取全部训练集，删除其中的干扰字符，例如“【】* 。、，”等，然后分词，删除长度为 1 的单个字或字符。

(3) 统计全部训练集中词语的出现次数，截取出现次数最多的前 N(可以根据实际情况进行调整)个。

(4) 根据每个经过第(2)步预处理后垃圾邮件和非垃圾邮件内容生成特征向量，统计第(3)步中得到的 N 个词语分别在每个邮件中的出现频率。

(5) 根据第(4)步中得到特征向量和已知邮件分类创建并训练朴素贝叶斯模型。

(6) 读取待分类邮件，参考第(2)步，对邮件文本进行预处理，提取特征向量。

(7) 使用第(5)步中训练好的模型，根据第(6)步提取的特征向量对邮件进行分类。

首先准备若干记事本文件，分别存放正常邮件和垃圾邮件的正文内容，然后创建朴素贝叶斯模型，使用已知样本数据进行训练，最后使用训练好的模型对未知邮件进行分类。

参考代码

```
from re import sub
from os import listdir
from collections import Counter
from itertools import chain
from numpy import array
from jieba import cut
from sklearn.naive_bayes import MultinomialNB

#存放所有文件中的单词
#每个元素是一个子列表，其中存放一个文件中的单词
allWords = []

def getWordsFromFile(txtFile):
    words = []
    with open(txtFile, encoding = 'utf8') as fp:
        for line in fp:
            line = line.strip()
            #过滤干扰字符或无效字符
            line = sub(r'[.【】0-9、-。，！~\*]', '', line)
            line = cut(line)
            #过滤长度为 1 的词
            line = filter(lambda word: len(word)>1, line)
            words.extend(line)
    return words

def getTopNWords(topN):
    #按文件编号顺序处理当前文件夹中的所有记事本文件
    #共 151 封邮件内容，0.txt~126.txt 是垃圾邮件内容
    #127.txt~150.txt 为正常邮件内容
    txtFiles = [str(i)+'.txt' for i in range(151)]
    #获取全部单词
    for txtFile in txtFiles:
        allWords.append(getWordsFromFile(txtFile))
    #获取并返回出现次数最多的前 topN 个单词
    freq = Counter(chain(*allWords))
    return [w[0] for w in freq.most_common(topN)]
```

```
#全部训练集中出现次数最多的前 600 个单词
topWords = getTopNWords(600)

#获取特征向量,前 600 个单词的每个单词在每个邮件中出现的频率
vector = []
for words in allWords:
    temp = list(map(lambda x: words.count(x), topWords))
    vector.append(temp)
vector = array(vector)
#邮件标签,1 表示垃圾邮件,0 表示正常邮件
labels = array([1] * 127 + [0] * 24)

#创建模型,使用已知训练集进行训练
model = MultinomialNB()
model.fit(vector, labels)

def predict(txtFile):
    #获取指定邮件文件内容,返回分类结果
    words = getWordsFromFile(txtFile)
    currentVector = array(tuple(map(lambda x: words.count(x), topWords)))
    result = model.predict(currentVector.reshape(1, -1))
    return '垃圾邮件' if result== 1 else '正常邮件'

print(predict('151.txt'))
print(predict('152.txt'))
print(predict('153.txt'))
print(predict('154.txt'))
print(predict('155.txt'))
```

实验 81 chapter 81

使用 *k*-means 聚类算法进行分类

适用专业

适用于计算机、数据科学等相关专业，其他专业选做。

实验目的

（1）了解 *k*-means 聚类算法的原理。

（2）理解 *k*-means 聚类算法中各参数的含义以及对聚类结果的影响。

（3）熟练安装 Python 扩展库 sklearn。

（4）了解使用 sklearn 库中 *k*-means 聚类算法解决问题的基本思路。

实验内容

k-means 算法的基本思想：以空间中 k 个点为中心进行聚类，对最靠近它们的对象归类。通过迭代的方法，逐次更新各聚类中心的值，直至得到最好的聚类结果。最终的 k 个聚类具有以下特点：各聚类本身尽可能紧凑，而各聚类之间尽可能分开。

假设要把样本集分为 c 个类别，算法描述如下。

（1）适当选择 c 个类的初始中心。

（2）在第 k 次迭代中，对任意一个样本，求其到 c 个中心的距离，将该样本归到距离最近的中心所在的类。

（3）利用均值或其他算法更新该类的中心值。

（4）对于所有的 c 个聚类中心，如果利用(2)、(3)的迭代法更新后，值保持不变，则迭代结束，否则继续迭代。

该算法的最大优势在于简洁和快速，算法的关键在于预期分类数量的确定以及初始中心和距离公式的选择。

编写程序，使用 *k*-means 聚类方法对已知数据进行聚类，然后对未知样本进行分类。

参考代码

```
from numpy import array
from sklearn.cluster import KMeans

#获取模拟数据
X = array([[1,1,1,1,1,1,1],
           [2,3,2,2,2,2,2],
           [3,2,3,3,3,3,3],
           [1,2,1,2,2,1,2],
           [2,1,3,3,3,2,1],
           [6,2,30,3,33,2,71]])

#训练
kmeansPredicter = KMeans(n_clusters=3).fit(X)
#原始数据分类
category = kmeansPredicter.predict(X)
print('分类情况：', category)
print('=' * 30)

def predict(element):
    result = kmeansPredicter.predict(element)
    print('预测结果：', result)
    print('相似元素：\n', X[category==result])

#测试
predict([[1,2,3,3,1,3,1]])
print(' = ' * 30)
predict([[5,2,23,2,21,5,51]])
```

参考文献

[1] 董付国.Python 程序设计[M].3 版.北京：清华大学出版社，2020.
[2] 董付国.Python 程序设计基础[M].2 版.北京：清华大出版社，2018.
[3] 董付国.Python 可以这样学[M].北京：清华大学出版社，2017.
[4] 董付国.Python 程序设计开发宝典[M].北京：清华大学出版社，2017.
[5] 董付国.Python 程序设计基础与应用[M].北京：机械工业出版社，2018.
[6] 董付国，应根球.中学生可以这样学 Python[M].北京：清华大学出版社，2017.
[7] 董付国.玩转 Python 轻松过二级[M].北京：清华大学出版社，2018.